地域資源を活かす

菅家博昭 著

生活工芸双書

苧（からむし）

農文協

写真：野津貴章「松江の花図鑑https://matsue-hana.com」*のあるもの）

植物としてのカラムシ

●群生するカラムシ（*Boehmeria nivea var. nipononivea*）

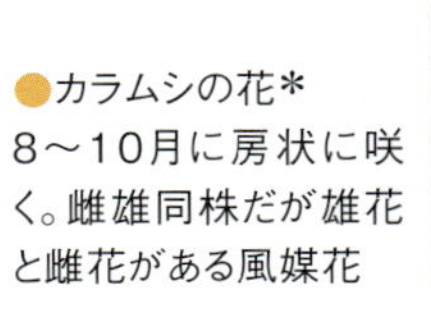

●カラムシの花*
8～10月に房状に咲く。雌雄同株だが雄花と雌花がある風媒花

●花被に包まれた果実*

●晩秋の畑に残るカラムシの果実

●葉には鋸歯があり、互生する。昭和村のカラムシの葉裏は緑色

●葉裏は白く、綿毛が密生している*

●多年草のカラムシは、根を掘り取って移植する分根法でも育成できる

（写真：からむし工芸博物館）

カラムシの繊維から生まれる布・衣類 からむし工芸博物館の展示から

●**カラムシの生地の特徴**／軽くてハリを失わず夏は涼しい

地機で織った布

●キジャク（すべてカラムシ糸で織り上げるもの）

●カタヤマヌノ（経糸にはアサ、緯糸にカラムシを使って織る）

●カラムシヌノ

昭和村にある「からむし工芸博物館」

衣服

●上着

●ワンピース

●冠婚葬祭用のカミシモ（裃）

●イイキモノ

●カラムシハレギ（子どもの晴れ着）

●カタヤマ夏服（上着とズボン）

●オビ

●ナツゴロモウワギ

（写真：からむし工芸博物館／モノクロ写真：小林政一）

昭和時代までのカラムシ栽培

●昭和時代の栽培と栽培用具

コエマキ（肥撒き）

●下肥を薄める水を汲むためのテオケ

●下肥を運ぶためのテンビン

●下肥を撒くためのコエビシャク

刈り取り

●刈り取り

●刈り取りに使われたシャクボウ。かつてはこれで出荷の寸法を揃えていた

アオソ浸し

●刈り取った茎を浸すためにつくられたアオソヒタシバコ

●上に載せて重石にするアオソヒタシイシ

●切り揃えたカラムシの茎を水に浸す

カラムシ剥ぎ

●カラムシ剥ぎ

カラムシ引き（苧引き）と道具

●皮から繊維を取り出すカラムシ引き。2本引きしている

●オヒキバン

●オヒキゴ

●ブッタテ

●オヒキイタ

繊維を糸にする

糸を績む——繊維をつないで長くする

1　カラムシ繊維のモト（根元の方）をブラシで細かく裂く

2　親指と人差指の間にモトを挟み、中指と人差指の間に絡んで掛ける

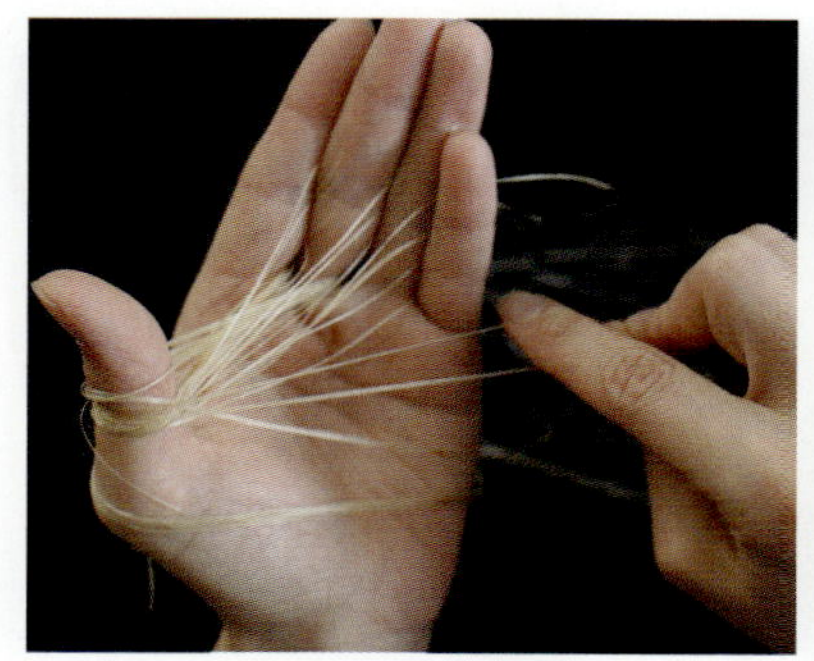

3　右手の人差指や左手の薬指、小指の爪を使って裂く

4　裂いた糸は、1本ずつ左手の指の間に掛けていく

5　全部裂いたら右手に持ち替えて、まだ裂いていない末（ウラ）の方をさばく

繊維を挟んだ様子

6　オサキボウにかけてウラの方の絡みをほぐす

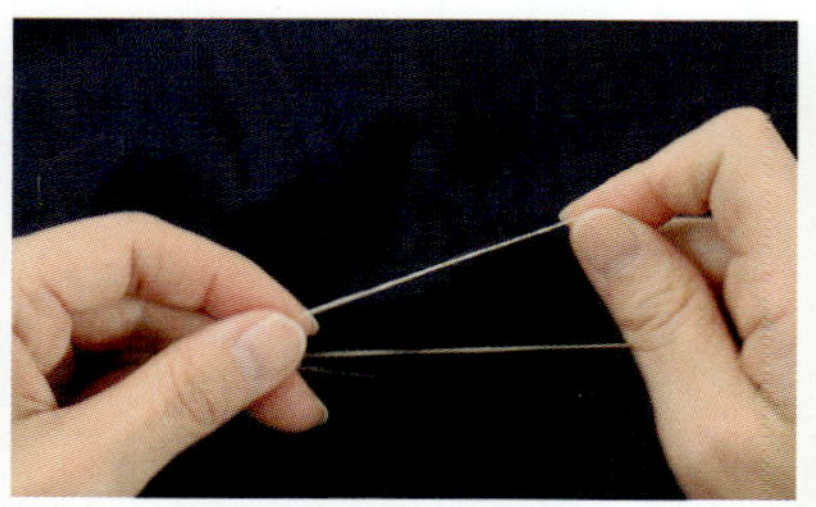

7　左の親指と人差指で、二股になるようにする

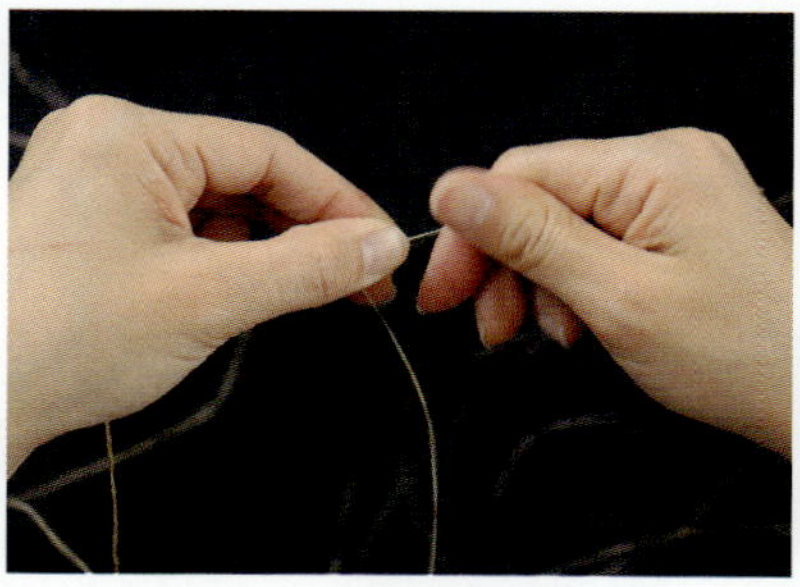

8　二股にした上方の1本に別の1本のモトの方を重ねて手前に向かって左撚りをかける

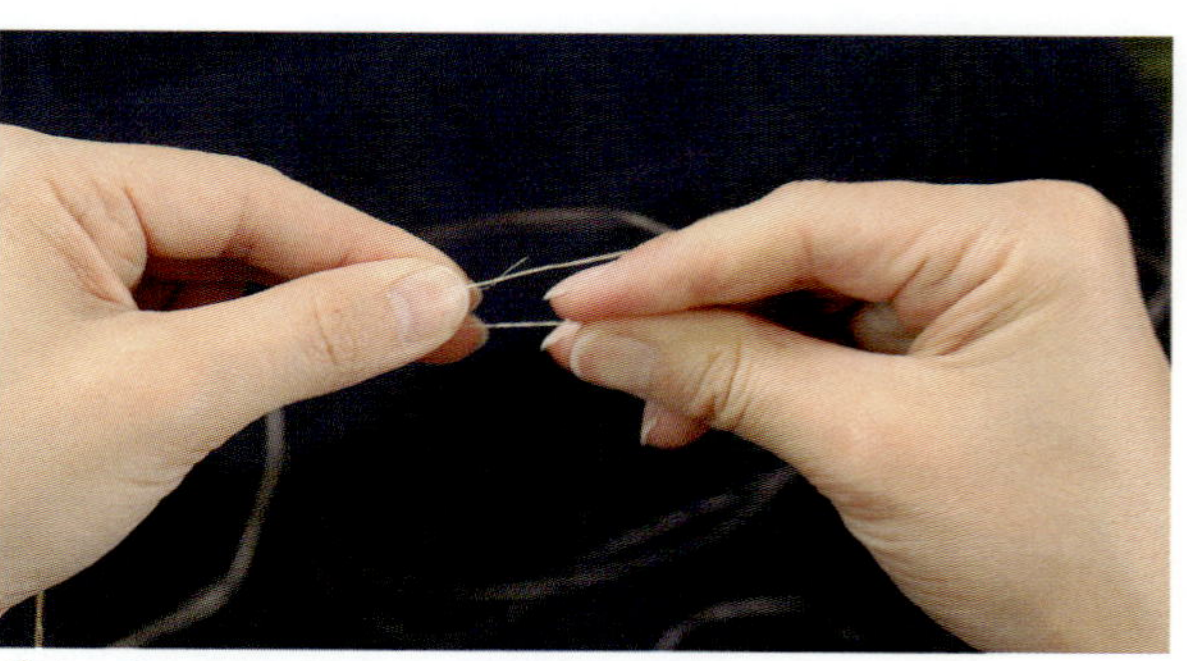

9　二股の下の方の1本も左撚りをかける

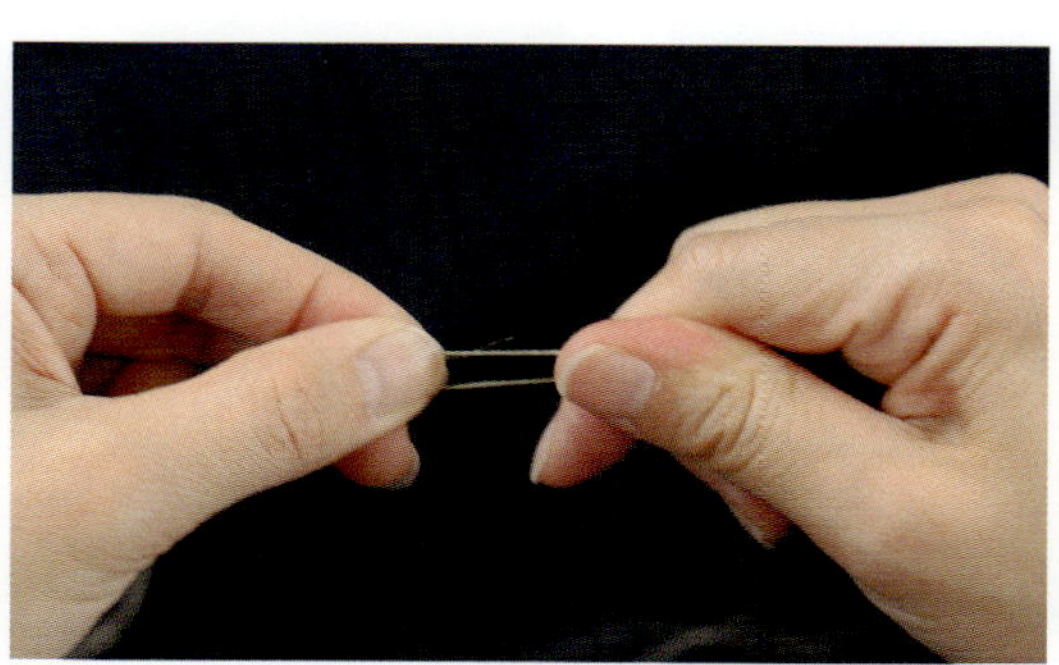

10　左撚りにした2本を持つ

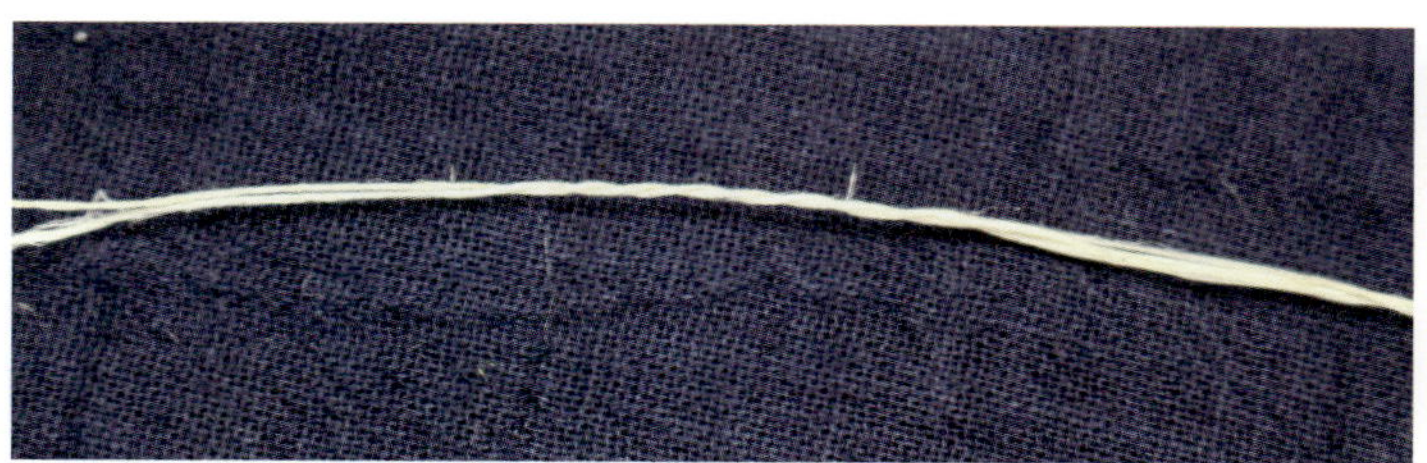
12｜仕上がり

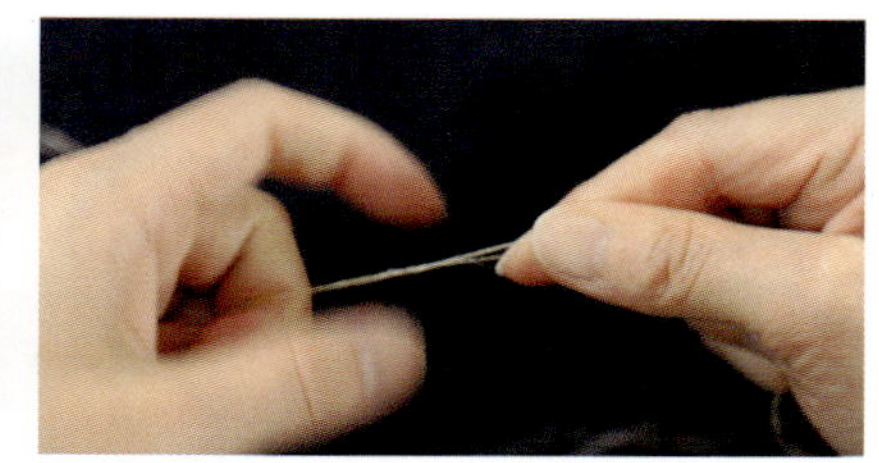
11｜1本に合わせる。合わせたところ

仕上げ――績み苧に撚りをかけて糸に

（写真：からむし工芸博物館／モノクロ写真：小林政一）

オツムギワク

ツムを軸にクダタケをツムに通し、クダタケに巻きとる

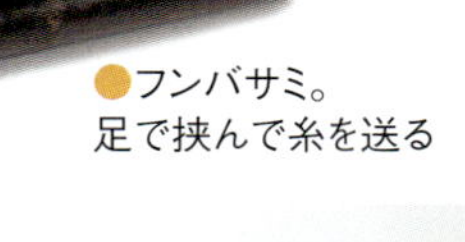
フンバサミ。足で挟んで糸を送る

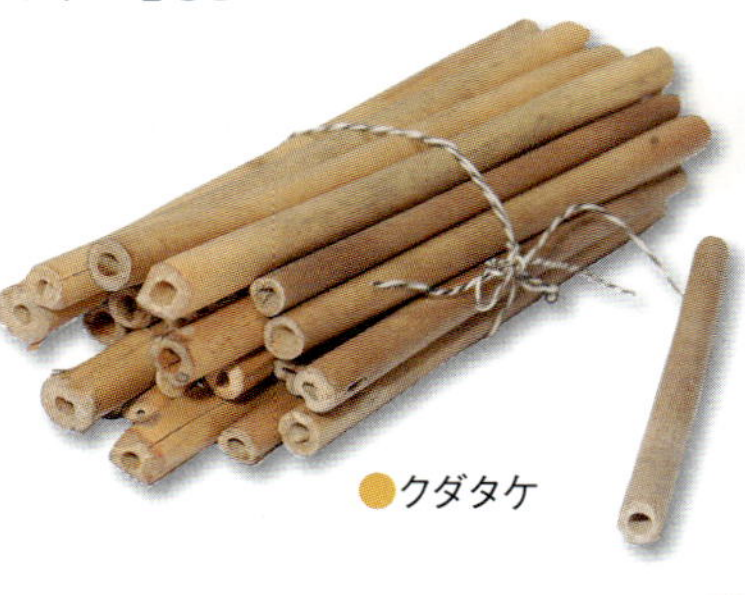
クダタケ

ツム

織る

地機で織る

地機（じばた）

カラムシを栽培する

福島県奥会津の昭和村

●掘り取ったカラムシの根

●植え付け。掘り取った根を定植

●伸びてきた芽

●5月20日前後。茎立ちを揃えるためのカラムシ焼き。枯枝などを刈り、焼き畑の準備

●カラムシ焼き。コガヤ(オオヒゲナガカリヤスモドキ)を焼き草にして火をつけ、焼いたあとは水を散布

●焼いたあとの畑。この後油粕主体の有機配合肥料、鶏糞などを施肥し、敷き藁

●風による表皮の傷つきを防止するために防風ネットを張る

●カラムシ焼き後、2カ月で2m近くに生育した

●7月中旬、刈り取り

●刈り取り後は、すばやく冷たい流水に水浸け

カラムシ引き

刈り取り後に茎から繊維を取り出す

●カラムシ引きの道具。オヒキバンの左縁に金具のオヒキゴ、その右がオヒキイタ。オヒキバンに刺してあるのがブッタテ

●カラムシ剥ぎ。表皮を剥いで殻と分ける

●剥いで束ねられた表皮

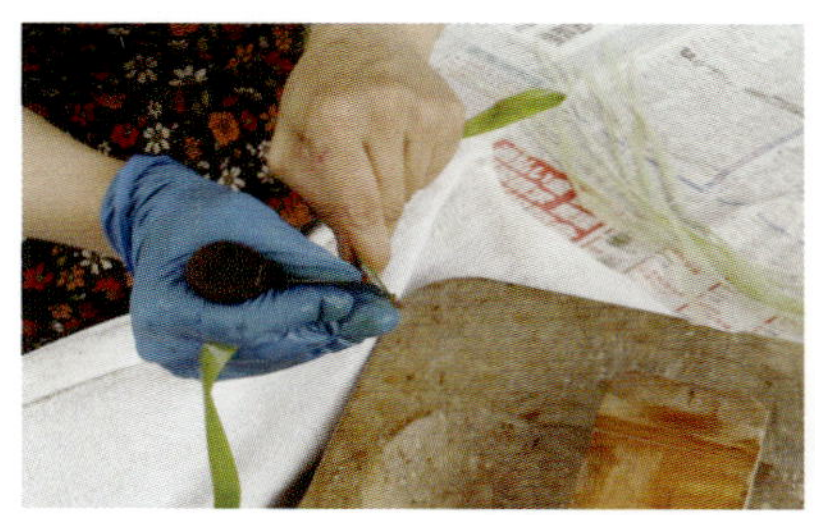

●ソヒカワ（外皮）取り。枝葉の跡（節）の皮の内側にオヒキゴの刃を当て、外皮を剥ぐ

●2本引きの場合。かつて産地時代は効率を考えて2本引きも行なわれた

●左手を引きながら右手のオヒキゴで一気に引き通す

●引いたあとのカラムシの繊維。輝きのある「キラ」の出る繊維は8月上旬くらいまでのものに多い

●竿に吊るして陰干しする

●完成したカラムシ繊維（原麻）左からオヤソ、カゲソ、ワタクシソ（写真：からむし工芸博物館）

九州・南西諸島・アジアのカラムシ

●竹管の使い方。畑で外皮を剥がし、自宅に持ち帰ってから竹管の間に挟んで外皮をこそげとり、乾燥する。その後灰汁で煮てから次の作業に移る

●外皮をこそげとる竹管。口絵iiiにある昭和村の「オヒキゴ」にあたるもの

●灰汁で処理されたカラムシ繊維

台湾のカラムシ

●台湾のカラムシ畑（台東市）

石垣島のカラムシ

●屋敷周辺で育てるカラムシ

●金属製のパイ。「オヒキゴ」にあたるもの。ミミガイの貝刃を使うことも

●2枚に剥いだ皮を水に浸け、内側にパイの刃を当て外側の外皮を剥ぐ

●引き終えたカラムシ繊維。この後はカビが生えやすいので乾燥には風当りなどに気を遣う

宮古島のカラムシ

宮古島のカラムシ（苧麻）は「ブー」と呼ばれ、栽培種にはアオブー・アカブー・シロブーがある

●宮古島のカラムシ畑

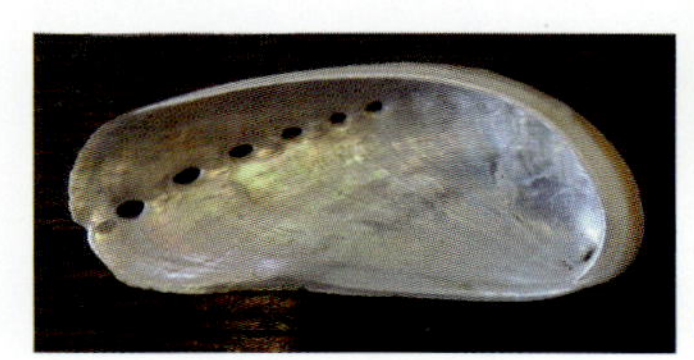
●オヒキゴに当たる道具「ミミガイ」

●宮古島のカラムシ品種群。13種に分類されている

宮崎県高千穂町のカラムシ

●九州宮崎県の高千穂町の自生カラムシ吸枝（根）

はじめに

原発事故以後―経済発展・巨大科学装置の時代の終焉

２００４(平成16)年５月１日の日本の総人口は１億２０００万人。前年同期より約５万人減少した。この総人口の減少は戦争などによらない自然減であり、人口減少の時代に入った。20世紀は世界大戦があったものの人口は増加し続ける、経済発展も続くという時期が続いたが、21世紀は人口が減少していくと予測されている。

こうしたなか、２０１１(平成23)年３月11日に発生した東北地方太平洋沖地震による東日本大震災は岩手県・宮城県・福島県に大きな被害を与えた。直後に起きた福島県の浜通りにある東京電力福島第一原子力発電所の水素爆発による放射能拡散の影響は現在も続いている。この廃炉には50年ほどかかるといわれ、原発という巨大科学装置は幻想であることが明白となった。

私の暮らす奥会津・昭和村は新潟県境に近く、原発から離れていたが、降下した放射性物質の影響で、森林内のキノコ類の採取・摂食の禁止、落ち葉の農業利用禁止が現在も続いている。またトチの実のアク抜きに樹木の灰を使うが、この灰は使用禁止となったままである。こうした森林汚染への対策も放射性物質の半減期を待つしか手段がない。

田畑については、カリ肥料の散布などにより作物が放射性物質(セシウム)を吸収することを阻害するため影響はない。そのため農業生産の継続は可能となっている。

なつかしい20世紀と、原発事故を経た21世紀の社会環境はかなり異なるものとなっている。人間が管理できない巨大技術よりも、適正規模で、身の丈にあった暮らしの基本に戻ること、つまり「小さな暮らし」が社会の価値・文化になりつつある。

いまや農産物を加工し販売する6次産業化の流れや、地産地消、あるいは生活工芸への注目という社会の趨勢は、これまでにない流れとなっており、21世紀が目指すべき「自然との共生」を考えるなら、「小さな暮らし」の価値を感じるものである。しかし、多くは「かねもうけ」のための起業・展開が透けて見えるのも事実である。ただ、物売りだけを目的とした生活工芸の進展は、もはやよい結果を生まないと思う。

一方、通信基盤の整備によるインターネットでの情報および物品の流通は、宅配便の輸送網と相まって、「小さな暮らし」志向を促進し、近年の都市と地方の格差を埋めたようにも見える。

地域のなかでの「生活事例の聞き取り調査」を進めよう

生活のために行なう仕事、仕事としてのモノづくりの時代が縮小し、趣味としてのモノづくり、自分のためのモノづくりの時代を迎えていると考えたとき、私は地域のなかでの生活につながる事例調査の提案をしたい。

私のいう事例調査とは、その土地に自生している植物素材の取得、あるいは田畑・原野・山地で栽培した作物の収穫を経て、一次加工する際に、そこで行なわれた事例を調査することである。それぞれの地域の歴史民俗資料館・博物館などには、加工具(民具)が収蔵されている。その実物を実測作図し、持ち主によって使い込まれた痕を観察し、使用経験者を探し、聞き取り調査を行なう。その際、道具の素材の取得時期、加工の仕方、禁忌、伝承などもできるだけ土地の言葉で聞き取り、記録する。不明な場合はカタカナ表記でよい。

作業手順についても同様に調査する。これは現在まで日本国内ではほとんど行なわれていない。とくに、産業化する以前の手仕事の時代のことを詳細に聞き取ることが求められる。まだ時間はたっぷりあり、経験者も各地に多く生存している。

たまたま自分の土地にそうした基層文化がない場合には、隣接地域あるいはそれを行なっている地域で、手法、素材の取り出し技法について知見を広めることが大切である。

各地の遺跡博物館では縄文時代・弥生時代などの植物からの繊維取り出し技法や、素材の準備、編み組み、織りなどについても体験会を行なっている。

こうした自分でできる取り組みのなかで、文献、図書による調査を含めて、過去の書面を調査し、素材利用の考え方がどのように変化したのかを探ってほしい。

東南アジアからつながる日本列島は、その土地にある素材で道具をつくり、土地の気象環境をうまく利用して素材加工を行なっている。同じ植物だけにこだわらず、その土地にある植物素材全般に目配りして見てみると、地域には多様な素材が満ちていることに気づく。

また、小さな取り組みとして、各地の事例に学んで新しいやり方を工夫することも必要である。

「アンギン」をめぐる新潟県内の取り組みに学ぶ

大震災の年の9〜11月、新潟県津南町にある「農と縄文の体験実習館　なじょもん」で、企画展「植物繊維を『編む』―アンギンの里　津南町の編み技術と歴史―」が開催された。

私は、昭和村から只見町の六十里越えを通り、新潟県津南町での展示会を見て、そしてシンポジウムに参加した。昭和村で近世後期より栽培を続けている繊維植物カラムシと同じ素材を使用して編んだ、アンギン研究の最新事情を知りたいと思ったのである。

最初の基調講演は、本山幸一さんによる「アンギンを見つけた頃」であった。１９５９(昭和34)年4月に、本山さんは新採用の教員として現在の津南町樽田集落の外丸小学校樽田分校に着任した。ここで１８８２(明治15)年生まれの丸山トイさんに出会う。

トイさんはいつも学校に顔を出してくれ、あるときに本山さんがアンギンのことを話したら、自分の家にその道具があるという。訪問すると、アンギンの袖無しは肌触りが柔らかで、藍染めしたものだった。道具はアミアシ・ケタ・コモヅチで構成され、編み方も俵、脚絆、手提げカゴの編みとほぼ同じ技法だった。

本山さんはこの頃、津南町教育委員会の滝沢秀一さんと連絡しながら聞き取りを進めた。すると、素材となる材料の繊維や糸が現存すること、樽田の50代の人は着用した人を見ていること、男性が編み手であり明治30年頃までつくられていたこと、実際につくった人がおられることなどがわかったという。

その後、すでに視力を失っていたが、アンギン伝承者の松沢伝次郎さん(明治2年生まれ、当時92歳)からも話を聞くことができた。経糸は二尋(約3・6m)の長さに切り、両端をコモヅチに巻き付ける。幅50cmほどのアンギンには、60目ほどの経糸を使うとのことだった。このとき、本山さんは聞き取りの仕方を知らなかったので、アンギンの正確な幅や丈などは確認できなかったが、道具や編み方については少し理解できたのだという。

また、滝沢さんの祖父捨五郎さん(明治10年生まれ)からは、越後松之山ではバトウと呼ぶものが、アンギンと同じものであると教えられた。また滝沢さんの隣の家では、アンギン編みの道具の素材となる山竹のコモヅチを分けてもらったという。

このシンポジウムでは、本山さんに続いて中沢英正さんの「津南の植生」、上村健三さんの「蔓、樹皮の編み組み技術―採取した素材の加工から編み工程―」、松永篤知さんの「日本列島先史時代の編み物―縄文時代の編布を出発点として―」と報告が続いた。

さらに池田亨さんは「里山に生きる『人と植物』の知識と技術」について報告し、クグ(ミノスゲ)やヒロロ(ミヤマカンスゲ)、ミチシバなど実物を掲示して説明された。イラクサは47種、カラムシは14種あり、全国で品種が異なっている。カラムシ(苧麻・青苧)は、きちんと養って刈り取られていたものが、放置され自然に還ってしまったものをヤマソ(山苧)と呼ぶ。カラムシは中国大陸から伝来したが、最初から火作(焼き畑)したものだろうか。佐渡の相川ではカラムシは土地に合わないといわれているなど、多様な植物素材が利用されていたことを語られたあと、最後に愛

はじめに

知県の民俗学者の脇田雅彦さん、節子さんが記録した「カラムシ、イラソの着物を着ていると、あの世に行くときに脱衣婆に着物をはがされることがない」という信仰の事例を紹介された。何か大切なことが語られたと感じたので、その出典を本人に確認したところ、『染織α』１８６号と１８７号（１９９６年９月、10月）で、「美濃国・藤橋村〈元・徳山村〉の靭皮繊維　野生の麻『ミヤマイラクサ』の伝承」「野生カラムシ〈苧麻〉の伝承」ということであった。

本山さんの基調講演にでてきた滝沢秀一さんに、私は今から30年ほど前の１９８８（昭和63）年４月に十日町市博物館で初めてお会いし、カラムシのことについて指導を受けた。当時トヨタ財団の第５回研究コンクール〝身近な環境を見つめよう〟に応募することになり、その予備研究として昭和村の仲間３人（佐藤孝雄・舟木幸一・栗城定雄）と私とで訪ねたのである。コンクールへの応募のきっかけは、１９８６年に民族文化映像研究所（民映研）が、昭和村で『からむしと麻』の記録映画の撮影を開始し、２年後の５月に完成したことだった。撮影地の大芦（おおあし）では佐藤孝雄さんが撮影スタッフの住居として「じねんと塾」を開設し、もう一方の撮影地の大岐（おおまた）では、わが家の両親と祖母が取材対象となっていた。こうしたなかで民映研所長の姫田忠義さんからカラムシの研究を勧められて、コンクールに応募することになり、滝沢秀一さんに会ったのである。

当時60代の滝沢さんは、秋山郷が好きでよくアンギン調査に出向かれていた。その後、滝沢さんから、手書きの「縮（ちぢみ）調査メモ」という資料をいただいた。聞き取り項目を記したもので、その後の私の聞取り調査のベースとなったものである。その滝沢さんも２０１２（平成24）年に94歳で亡くなられた。新潟県での縮布（ちぢみふ）生産が崩れる可能性について触れられ、手仕事としてのカラムシの技術を昭和村に残していく意味を力説されていた。その思いを本書から感じとっていただければ幸いである。

２０１８年５月　　菅家 博昭

生活工芸双書　苧（からむし）……………目次

昭和村地図

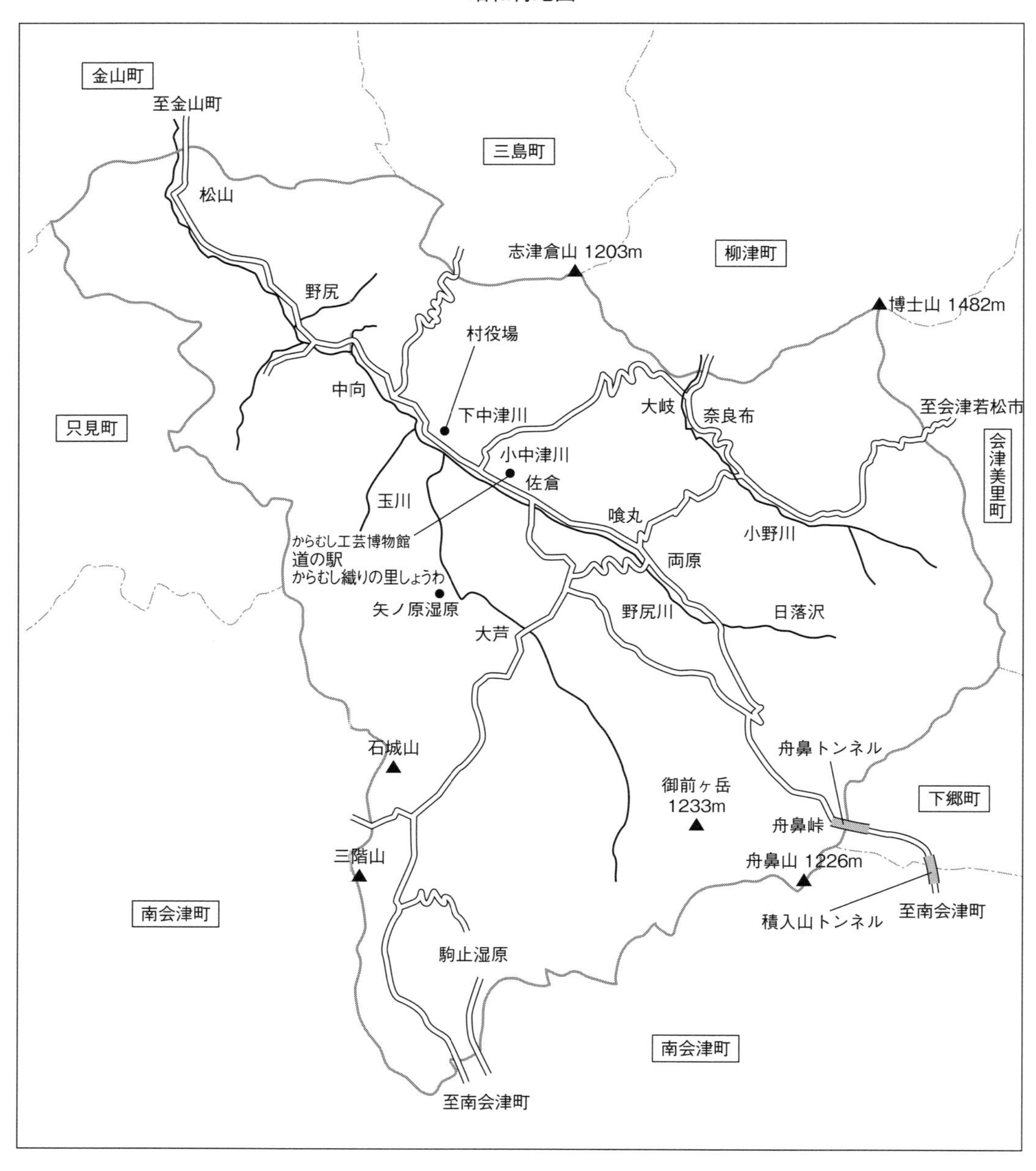
金山町
至金山町
三島町
松山
志津倉山 1203m
柳津町
野尻
博士山 1482m
村役場
中向
大岐
奈良布
至会津若松市
只見町
下中津川
会津美里町
小中津川
佐倉
玉川
喰丸
小野川
からむし工芸博物館
道の駅
からむし織りの里しょうわ
両原
矢ノ原湿原
野尻川
日落沢
大芦
石城山
舟鼻トンネル
御前ヶ岳
1233m
下郷町
舟鼻峠
三階山
舟鼻山 1226m
南会津町
積入山トンネル
至南会津町
駒止湿原
南会津町
至南会津町

1章

植物としてのカラムシ

カラムシの品種

●近年のカラムシ研究

カラムシ(*Boehmeria nivea var. nipononivea*)はイラクサ科(Urticaceae)の多年草植物である。広くアジアに自生しているが、品種も多く植物学的な研究事例は多くはない。日本における牧野富太郎の植物学の書籍や図鑑などでもアサ(大麻)の製繊作業の一技法である煮る・蒸すを「茎蒸」(カラムシ)の語源と誤認し、混同し記載している。こうした基準書の誤りをいまだ正さず、現在多くのインターネット辞書などでは植物事典などからの引用が多いため、正しくカラムシを理解している人が少ない。

カラムシの草姿(写真:小林政一、以下＊はすべて)

事典類の記載内容が正しいのか精査し、考えて引用しなければならない。

本書では不確かな情報はできるだけ記載しない。そのため植物としてのカラムシについては今後の調査研究・分類を待ちたい(以後、植物はカタカナで「カラムシ」、手工芸繊維などのものはひらがなで「からむし」と表記する)。中国語表記でカラムシは「苧麻(ちょま)」である。「苧」をからむしと読む場合もある。

近年、植物考古学分野で人間が利用した植物の来歴の見直しが行なわれている。とくに千葉県佐倉市の国立歴史民俗博物館の共同研究で人間が使用した植物由来のウルシ、アサなどの出土物の科学分析・再検定で来歴見直しを進めている。縄類の素材は樹皮のカバノキ属、あるいは植物のリョウメンシダであることが多数確認された。これは、新しい発見であり、従来の認識は大きな転換が求められている。

最古とされたアサやカラムシの縄紐類についても最新の分析では、たとえば青森県板柳町の土井1号遺跡から出土した朱漆塗り紐を分析した結果は、カラムシの可能性が高いとしたが確定には至っていない。花粉分析ではカラムシが確認されているが縄紐類の確認は少ない。

●形状

カラムシ(苧麻)の野生種は田の縁や道端などに雑草として生え、地下茎を伸ばして群生する。そして、1～2mに成長し、丸みを帯びた葉をつける。この植物の幹(茎)から得られる繊維は、「苧」「紵」「青苧(あおそ)」「真苧(まそ)」などと呼ばれ、『魏志倭人伝』にみられる「細苧」はカラムシである。

●分類

【花城良廣氏のカラムシの分類】

２００１年当時、沖縄県にある海洋博記念公園の熱帯・亜熱帯都市緑化植物園に在籍していた花城良廣(はなしろよしひろ)氏は、カラムシの植物分類については研究成果が少なく、今でも行なわれていないこと、学術的に整理されたものがないことを強調された。また沖縄県内の八重山群島・宮古諸島と台湾のカラムシの関係や、台湾台中の農業試験場に戦前の日本産カラムシ品種が集められ保存されていることなどを教えられた。

とくにいま必要なことは、カラムシ品種を多数、まず保存し、当面利用すべき品種と、そうではない品種を分け、遺伝資源としてすべてを保存することが必要である、としている。

花城氏の植物としての分類では、大要以下のようにまとめられる。イラクサ科カラムシの基本種は、中国南部に自生しているナンバンカラムシ(*Boehmeria nivea* ボヘミア ニベア)で、染色体は２ｎ(複相世代)であろう。この基本種から多くの変種が生まれ、染色体が倍加したラミーができ、東南アジアで広く栽培されるようになったと考えられる(基本種を2種とする研究者もいる)。中国南部ではイラクサ科で最もカラムシに近いヤブマオを含めて50～60種類ある。

群生するカラムシ*

次にナンバンカラムシの亜種(サブスピーシス)には、日本に分布するものとしてカラムシ(*Boehmeria niponoinivea* ボヘミア ニッポノニベア)がある。日本がユーラシア大陸(中国)と陸続きであった時代には、ナンバンカラムシが分布していたが、今では独自の種に分化したと考えられる。このカラムシを中心として多くの変種がみられ、それがアオカラムシ、アカカラムシ、ノカラムシ(昭和村では葉裏白のカラムシをノカラムシと呼ぶがそれとは別)と呼ばれる種と考えられる(図1)。

一般に栽培されるものは野生種よりもひとまわり大きな形態をしているため、染色体は3倍体か4倍体に変化していると思われる。3倍体は交配しても種子ができない。あるいは種子ができても発芽しない。

基本種のナンバンカラムシの2倍体、あるいは4倍体を探せ

図1　宮古島のカラムシ分類(花城良廣による)

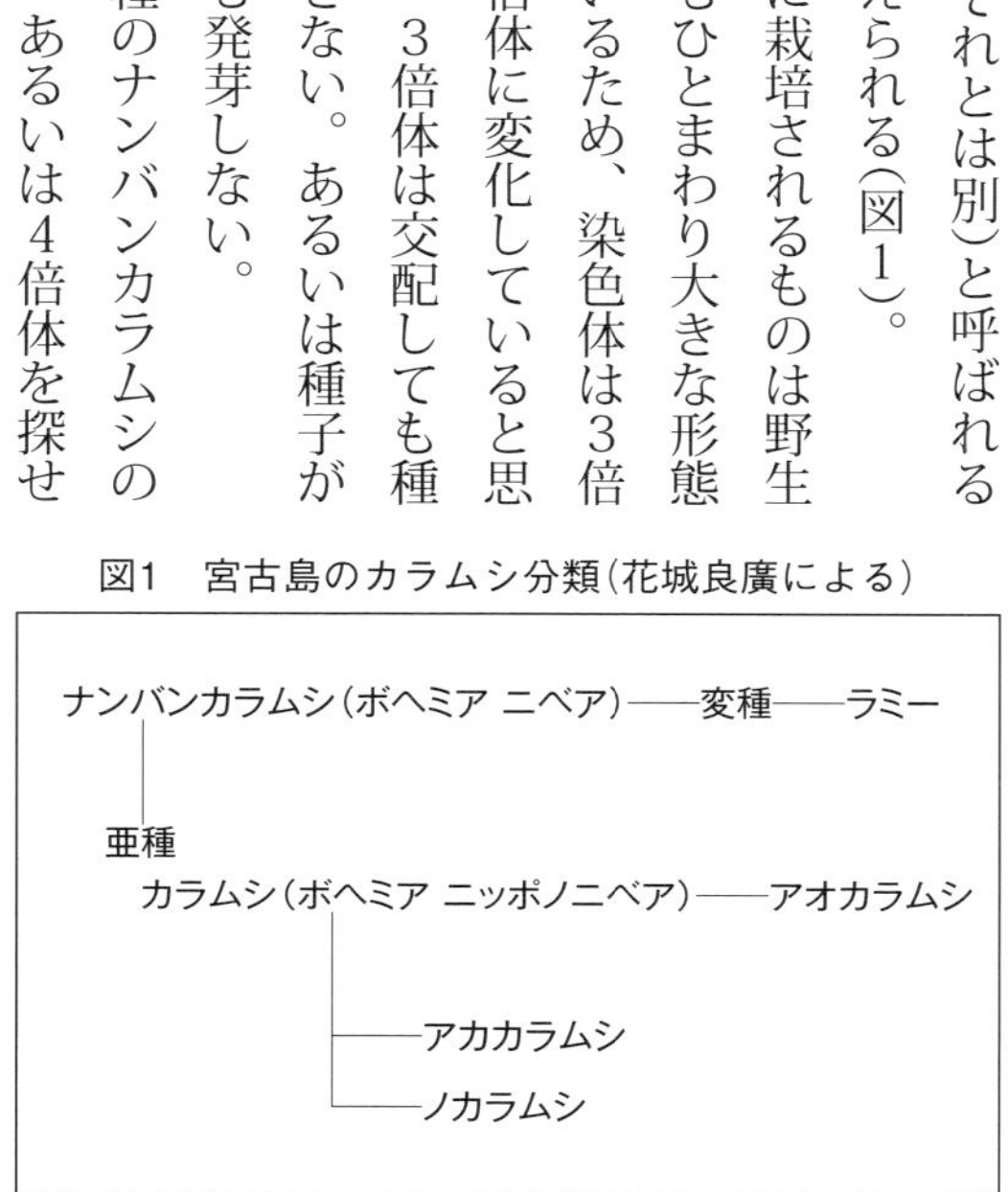

ば育種は可能となる。ナンバンカラムシの変種であるラミー(Ramie、学名：*B. nivea var. candicans*)は、葉などが大きくなっているが、同じようにカラムシのなかにも4倍体があるかもしれない。カラムシは染色体数の変異が多く、育種には有効である。

花城氏は近年、沖縄県の宮古島内のカラムシの分類も行なっており11種とした。工芸作物としてのカラムシ分類では第一人者である。工芸作物のカラムシ分類が行なわれたところは、私の知るかぎりでは、この宮古島のみである。

花城氏によれば、宮古島内で繊維植物に利用しているカラムシ(ブー)は、青ブーA・B・C、赤ブーA・B・C1・C2・C3・D、赤中ブーE・Fの11種となっている。

【1922年刊行の加藤清之助『苧麻』―青苧と苧麻】

植物学的な研究よりも、繊維作物を営利作物として取り扱っていた人たちの残したカラムシの著書には、作業現場を見ていることもあり、その記述に誤りが少ないように思われる。日本の近世のカラムシは、青苧と呼ばれることが多いが、近代(明治時代以降)では中国産などのカラムシ繊維が日本国内に輸入されたことから、苧麻という呼び名が青苧と併存した。

江戸時代に、原料としてのカラムシ(青苧)の国内最大産地であった山形県の出身である加藤清之助が、日本占領下の台湾で著述・出版した著書が『苧麻』(南洋協会台湾支部刊)である。396頁の単著であるが、現在確認できる日本語のカラムシの本として、その内容は随一のものといってよい。1922(大正11)年12月に発刊された。

同時代人の田代安定が台湾で『苧麻興業意見』を刊行したのはその5年前であり、これらは今から100年前のことであった。

著者の加藤清之助は台湾の農事試験場に勤務し、『苧麻』を書き上げたと思われる。経歴の詳細は今なお不明な点が多いが、1918(大正7)年には台湾の農事試験場の技師であり、1920年には同試験場嘉義支場種芸部の技師、『苧麻』執筆時は農業試験場に勤務していたことがわかった。また山形県が本籍地であることもわかった。

その後、製糖会社に勤務し、1934(昭和9)年には、台湾から沖縄県南大東島へ移るが、再び台湾に戻り、大日本製糖の工場に勤務、苗栗工場長を経て、1944年には、この工場がある新竹州の州會議員となっている。

『苧麻』を読み返してみると、台湾と日本内地の比較事例は「山形県」が多く、生地の山形県での苧麻との関連があったことが推察される。米沢苧(よねざわそ)、最上苧(もがみそ)の青苧(カラムシ)産地を持つ山形県は、私の暮らす会津の北隣りの産地である。

近世は青苧(あおそ、カラムシ)と表記することが多いが、明治期は中国大陸からの輸入が増え、中国の読みの「苧麻(ちょま)」という表現が出現する。

苧麻の本場の中国大陸を知る植物学者・農学者は、日本国内はもとより、とくに南西諸島(沖縄など)や台湾統治後は台湾への「苧麻」作付け・産業化を推進した。前述した田代安定などもそのひとりである。

戦前、日本産カラムシ(苧麻)品種は、宮崎県川南の農業試験場に集められ、戦後の1958(昭和33)年まで、試験研究が進められた。

田代安定については著名人であり、所蔵書簡類や書面などが現在台北市内の台湾大学図書館田代文庫で公開され、それが沖縄・台湾など南方諸島の現地調査記録として活用が始まっている。

加藤の『苧麻』によれば、苧麻呼称(便宜的に現代語に改める)は次のようである。

和名は、カラムシ、ヒウジ(岡山地方)、ウラジロまたはシロハ(九州地方では葉裏は粉白色を呈する)、ポンポングサ(葉を筒状となし掌中にて打つときは能く音を発する。または茎を折るときの音にちなんでいる)、カラソ、マヲ、シロヲ、アオカラムシ、チヨダグサとなる。台湾蕃名(先住民の呼び名)は、カギー(角板山タイヤル族)、ヌカ(新竹十八児蕃)などであり、台湾士名(台湾在住福建種族)は、テーマ、広東種族はチューワである。朝鮮名は、モシ、モシブル。漢名では、苧麻(チュウマまたはチョウマ)、白苧麻、線苧、栄麻、苧などがある。英名は、チャイナグラス、ラミーなど(以下略)が挙げられている。

●分布と伝播—加藤清之助著『苧麻』にみる

苧麻は中国・マレー半島などの原産で、現在は熱帯各地に分布する。中国産をチャイナグラス、マレー半島産をラミーとしどちらも *Boehmeria nivea* に属する。変種が多い。中国原産のチャイナグラス系は台湾を含め日本など温帯によく生育するといわれた。

中国大陸では北緯33度以南の地には至るところに栽培され、ことに揚子江沿岸地域が産地として著名である。

日本内地における苧麻は山野の野生種を改良増殖したものではなく、古来中国大陸より直接、あるいは朝鮮半島を通じて間接に輸入されたとするのが一般の定論である。

古来日本は中国・朝鮮その他の外国を「カラ」と称し、その地から輸入した品物に「カラ」を冠する。苧麻は和名カラソ、カラヲ、カラムシなどといずれも「カラ」を冠する。上古中国はアジア最古の文明の先進国であったから、としている。

なお参考までにいうと、台湾の染織を研究した岡村吉右衛門も、カラムシは韓国語で苧麻をモシというとして、韓苧(からもし)であり、栽培や繊維取得の技法伝播があったのではないかとして、繊維利用の栽培種カラムシは韓国渡来の品種ではないか、と考えている。

●自生地中国本土のカラムシ

【栽培用品種の資源調査から】

苧麻自生地の中心地のひとつ、中国の様子を現代の文献により見てみる。苧麻属の品種は100品種あり、うち中国国内には30品種あるとしている。

1981年の繊維用として栽培用品種の資源調査では、苧麻品種は中国国内に1000種以上が確認されている。栽培地は主に長江流域(中心は湖南省、湖北省、四川省など)の亜熱帯湿潤区で、年平均気温が16～18℃。冬季2℃以上の場所。越冬が難しい地区もある。

3か年の早晩生調査で、収穫までの積算温度は1091・1℃、1246・9℃、1402・6℃となっている。形態分類は、根型(浅い・深い)と、茎色・骨色・叶色・叶柄色・雌蕾色で78分類している。

収穫時期を早熟種・中熟種・晩熟種に分け3回の収穫としており、それぞれに70日以下・71～80日・81日以上としている。二番苧は40日以下・41日～50日・51日以上。三番苧は60日以下・61～70日・71日以上。

前作には豆・麦・油菜・緑肥などで、江浙一帯はアサ(大麻)作後に植え付ける。苧麻は年に3回の収穫とする。肥料のNPKは成分量で4・1-1-5・6。

【中国宋代の苧麻・大麻の流通】

中国の宋代史研究者の周藤吉之(1907～1990)の『宋代経済史研究』には「南宋の苧麻布生産とその流通過程」論文が掲載されている。中国の南宋(なんそう)(1127～1279年)の苧麻(カラムシ)・大麻(アサ)の生産と流通・租税について詳述しているが、麻皮(いわゆる繊維商品としての原麻)と布としての流通を見ている。

大麻は古来中国で南北を問わず栽培され、宋代でも華北・華中で多く栽培され、麻皮のまま徴収されるか、織った布として徴収され政府の財政収入となっていた。兵士の春衣・冬衣などをはじめ、いろいろなものに麻布が使用された。南宋でも布の財政収入は多額で、その一部は銭に換算して徴収された。官領・地主の荘園でも麻が多くつくられ租(小作料)として麻皮が納められた。

苧(カラムシ)は宿根を成して、新しい幹を出し、枝葉が栽茂すれば刈り取り、1年の間に3回刈り、それは10年の間、衰えることがないと『続資知通鑑長編(ぞくしじつがんちょうへん)』(1760年完成)に記載がある。

【苧麻の栽培】

さらに『経史證類大観本草』の「本草図径」で、カラムシは福建、四川、江南東西路、両浙路で多く栽培される。その高さは7、8尺、葉は楮(こうぞ)の葉の如く、その面が青く(アオとは緑色を意味する）裏が白くて、短い毛がある。夏秋の間に細穂を出して青い花をつけ、5月、6月、8月に採取するという。それは年に3回刈り、その皮を剥いで表の厚いところを剥ぐと裏の筋が取れるので、これを煮て糸を取るという。

苧麻は四川や江南で多く栽培され、多年性のもので、種子を播いてより2回も移植して、第3年目に刈り取った、とする。また株を分け、地下の根を分けて移植する方法も行なわれた。これは10年に至るまでも毎年刈り取ることができた。

毎年5月・6月・8月の3回刈り取られ、その皮を削り、屋上で乾かして（これは繊維剥ぎ取り後に行なったと思われる）、その繊維を剥ぎ取り、石灰や灰汁で煮て、清水で濯（すす）いで乾かして、潔白な糸を取った。苧麻の収穫は1年3回収めて、毎畝麻皮30斤より20斤であり、麻皮1斤で糸1斤を得、細きものは1斤で苧布1匹を織り、その次は1斤半または2斤、3斤で布1匹を織っていた。

【大麻栽培と農民の生活】

大麻（アサ）についての記述もあり、雌雄を分けている特徴が見られる。枲（シ）という字は日本ではカラムシ（苧麻）に当てているが、南宋の文献解釈では麻類一般の場合と、大麻の雄麻の場合を枲と解説・理解している。

雌麻には種実がなるため、実を採ることを優先しているようだ。また雌麻は苴麻（しょま）ともいわれている。雌雄を分けて採取するのは、事例として湖州ではまず牡（おす）（雄）麻を収めて、その皮を取って布とし衣に宛て、あとで牝（めす）（雌）麻を収めて、その実を取って食用にしている。

また雌麻には斑文があるともしている。宋元代の麻の栽培法は『齊民要術（せいみんようじゅう）』に記された技術をそのまま踏襲しているようにみえる、という。

枲麻（大麻）は春播き、夏刈りで、秋に牝（雌）麻の種子を取っていた。浙西路鎮江布では夏税として麻皮を取り、秋税として布を徴収している。華南の広南西路の布は苧麻布を指す。

問屋制前貸しは南宋ではかなり広く行なわれていたと思われる。農民が副業として苧麻布をつくり郷村の市場にまで苧麻布を売ったのは、それら農民の生活が苦しかったからであろう、と周藤吉之はまとめている。

国内での栽培研究

●昭和村のカラムシ

日本国内でも自生しているが、とくに積雪地帯では人間による栽培植物として導入移植され、その後に放置され野生状態にあるものが多いように見受けられる。茎(幹)の表皮から繊維を取り出すために栽培される。

奥会津の昭和村では江戸時代後期の文献でも確認できる通り、葉裏が緑色(アオ色と発話する)の「ホンカラムシ」と、葉裏が白色の「ノカラムシ」(野カラムシ)に区別して圃場内のノカラムシは取り除くようにしている。通常はカラムシとしか呼ばないが、ノカラムシに対して本当のカラムシ(栽培用)という意味である。一般的に沖縄県の八重山・宮古諸島、台湾などでは葉裏白色のカラムシを利用している。

江戸時代後期の1858(安政5)年、松山村(現在の昭和村松山)の佐々木志摩之助が会津藩に提出した「青苧仕法書上」の写しが喜多方市立図書館に所蔵されている。それには「本からむしと申は、木筋さいやかにして、ふしなく、わわれ、丸き方にて　裏薄青し、葉の大筋小筋青く、筋の間薄し　鹿の子に見へ候か最上(さいじょう)の品に御座候」「葉の裏表青ふし枝直にのび候やらむの裏葉の裏　一面白く葉厚の枝横にさし　ふし高くなにとなし　いやらしきは野からむしの下に御座候」「そうじて野からむしは春の生立二本　からむしよりより勢能(いきおいよく)も相成　葉出候は　木もあらあらとし　直に相分かり申し候」と記されている。

1883(明治16)年1月、下中津川(現在の昭和村下中津川)の本名信一郎が会津高田の大沼郡役所からの照会への返答で、カラムシの品種について、次のように答えている。

「葉の裏表とも緑色なるを撰む法良し」「(葉の付き方)互生良し、多分互生なるものなり」「(葉が)対生するものは十分の一も無之ものにて、格別のためしはなし」「葉の裏白く生するは野生苧なり、必ず種に撰むべからず」。

昭和村大芦の五十嵐伊之重(後に大芦村長となる)が投稿した資料が『大日本農会』第40号(1884年10月)に「からむし(会津青苧)栽培製造の景況」として掲載されている。これを読んだ静岡県の福島住一が1897(明治30)年にまとめ、出版した『苧麻栽培録』には、もと会津藩士で郡奉行として青苧を担当したという吉田謙三から聞いたこととして次のように記載している。

「福島県下に於て青苧と称するものと、苧麻と唱ふるものとの2種あり、ラミーは青苧と同種にして、実を幹に結ひ成長活発なり、苧麻は実を枝に結ぶ。さきに旧藩(会津藩)の当時、苧麻の改良を行なひし時にあたり、青苧の品質優ることをさとり、爾来同種を栽培することとなり」

会津藩がカラムシの品種系統の選抜育成をしていたという初出記事であるが、その後の調査でも類例資料は確認できていない。佐々木志摩之助が会津藩に提出した「青苧仕法書上」の調査時がそれに該当するものか。

会津のカラムシについては、村川友彦、菊地成彦、滝沢洋之、佐々木長生らの研究がある。

●日本国内のカラムシ

日本国内の呼び名は多様である。会津ではカラムシ、アオソと呼ぶ。山形県内ではアオソ(青苧)が多く、あるいはカラムシ。とくに山形県内のカラムシ生産については渡辺史夫、菊地和博の研究が知られている。

新潟県内の津南町では、人里近いところにしかカラムシは自生していないので、栽培植物として導入されたと認識されている。近世の越後(新潟県)では、会津などから青苧(繊維・原麻)を購入して糸に績み、布を織ったが、カラムシの栽培も多かった。その場合、自作のカラムシは「地苧(じそ)」と呼んだ。またカラムシが基本であったので「アサ」と呼ぶ場合も多かったようである。新潟県の研究者では滝沢秀一、多田滋、杉本耕一らがいる。

私が調査を行なった場所では、カラムシ呼称は、四国徳島の木頭ではヒュウジ、熊本県内はポンポン草、宮崎県内ではカッポンタン(高千穂)、ポンポン草、ラミーなど呼称があるが、明治以降、産業的な大規模苧麻栽培を行なった場所ではラミー(苧麻)と呼ぶところも多い。

また長崎県の壱岐などでは、2種のカラムシが認識されている。葉裏が緑色のものをオンジロホと呼び、多少の毒性があるので家畜には食べさせない。葉裏白のものをシロホグサ、ウラジロと呼ぶ。また地区によりシログサ、ポンポン草、対馬でもシロホグサ、ポンポン草と呼びカラムシと呼ぶ人はいない。

石垣島のある八重山から宮古島などではブー。沖縄本島はウーと呼んでいる。

参考までに、2016年11月、2017年3月、11月の私の台湾での調査では、一般の台湾人研究者らは、カラムシは「ツーマ」(苧麻)と発話している。少数民族(原住民)での呼び名は、採録したものでは、タイヤル族は「ガリー」、ブヌン族(布農族、ブロン族と発話しないと通じない)では「リブ」となる。

台湾の機織部材などの民族別の呼び名の詳細な採録は、岡村吉右衛門が行なっている。

●『苧麻(ラミー)栽培法』―栃木県立農事試験場報告

『苧麻栽培法』は、1932(昭和7)年に栃木県立農事試験場がまとめたものだが、以下に紹介する。

品種は通常種（白葉苧麻）と、緑葉種（緑葉苧麻）となる。

通常種は葉裏白色にして温帯および亜熱帯地方で栽培。日本および中国で古来より栽培せるものはこの種である。

緑葉種は、葉裏緑色をしており、インド、南洋など熱帯地方で栽培されている。

奨励品種は、当場にて内地（日本列島内）、朝鮮、台湾、中国などの在来種で比較試験をしたところ、台湾種は、耐寒性は劣るが草丈長く繊維の品質も良く繊維収量が最も多い。内地・朝鮮種は、反当たり12貫（45kg）、中国種33貫（123kg）、台湾種は39貫（146kg）。そのため台湾種を選定した。

台湾種数種内での比較試験で、「台湾白皮種」を選定し、一般にこの種苗を配布している。茎は草丈長く、外皮淡緑色を呈し滑にして節間長く、葉は長心臓形をし、淡緑色にして葉柄は長い。花は帯黄乳白色で一般に晩熟である。製出した繊維は長く帯青白色で質柔軟で強力大である。

なお参考まで栽培地の選定は1町歩（1ha）を標準としている。

苧麻の種子は微小にして一升（1・8ℓ）の重量約60匁（約22g）、400万粒。含水量約9％、種子軽小で風選できないため丸篩（ふるい）にて選種するから発芽歩合は15～30％。

●『野生苧麻最終運動必携』―長野県購買連松本支所発行の冊子

1941（昭和16）年に長野県購買連松本支所が発行した小冊子を、古書店から購入した。戦時下で衣類原料となるカラムシやアカソを野から集めるための方法を書いているので、紹介したい。

名称カラムシというが、この名称は、関東、東北一帯にいちばんよく通っている。その他、ヤマソ、ウラジロ、パンパン草、シロウ、クロウジ、カクコウ、コロモ草、ヒウジ、ハズなどがあり、ラミー、野生苧麻は最近（1941年当時）の名である。

カラムシにはマレー系の緑葉苧麻（ラミー）と、中国系の白葉苧麻（ラミーチャイナグラス）があるが、ほとんど相違がない。

いらくさ科、カラムシ、宿根性草木で沢地などに密生する形状を有し、高さ2尺より7～8尺（2・1～2・4m）になる。未熟の茎は緑色であるが成熟するにつれ、下から茶褐色になる。この時期になると茎を刈り取ると否にかかわらず、若い二番芽が萌出し東北、北陸地方は2回、関西、四国、九州地方は3回反復されている。

多年生であるため、一度刈り取ったあとから新しい芽を生

じ、気候土質などで一律にはいえないが、普通に5年から10年くらいは同一の場所に生育する。

アカソ(赤苧・赤麻)は茎が赤いのでアカソという。その他、タニフサギ、ヤブフサギという。

●戦前の農林省による苧麻の記述から—農林省農政局特産課

1942(昭和17)年に農林省農政局特産課がまとめた小冊子には、次の内容が記されている。

栽培品種の在来苧麻は白葉種に属し、山形県や会津地方の特産地では次の2種に区別している。

(甲)大葉。茎は肥大し葉も大形で密生し葉裏の絨毛は極めて密で著しく白く見える。皮層は厚く繊維は粗剛で品質劣るも収量多いので良品を得がたい地方で多く栽培されている。

(乙)青麻または水苧(みずそ)。茎は細長く大葉よりも少し薄く、表面淡緑色を呈し、葉裏は大葉より淡色。皮薄く繊維は細美で品質可ないし良であるから、これらの地方で多く栽培されるが、収量が少ない欠点がある。

内地在来種の品質は良く、手紡ぎ苧麻糸の原料として最高級の上布原料に使用されてきたが、収量が少なく、価格安な輸入原料と対抗しても有利な生産の見込みがなくなり、その栽培はいちじるしく減少している。

台湾種は内地在来種と比べ3倍半の収量があり、推奨品種に選定している。台湾種にも数十種の地方的品種があって、性状や経済的価値を異にしているが、二大系統に分類できる。

(甲)青心系。本系に属する物は体質淡青色を帯び、雌花は淡い黄色緑色。茎は肥大し草丈高く12～13尺(3・6～3・9m)に達するものがある。当時の台湾にて栽培面積が最も多い。繊維は色沢・品質とも可ないし良である。青心系に属する地方的品種には、大パン、砂連、青心、白皮、青心佳苧、白苧麻などが包含されている。台南・高雄の両州で栽培されている白皮種は、ほとんどこの系統で優良品種である。

(乙)紅心系。体質、葉、葉柄、雌花はいずれも淡紅色を帯び、雌花の色は特性を示している。繊維は淡褐色で粗硬、前者より品質劣るが、強健で靭皮層も厚く収量も多い。急傾斜地や乾燥地、主として台湾蛮界(少数民族の)山地帯に栽培されている。新竹州には最も多く栽培されている。地方的品種として人苧、黄麻苧、紅心、紅心佳苧、烏皮、嘉義山種などがある。

栃木県立農事試験場の研究では、白皮、砂連、青心の3品種が良いとする。以下は、それぞれについての具体的な当時の試験場の評価である。

白皮種は台湾南部に栽培されている優良品種で葉茎淡緑色、分蘖(けつ)力強く、早熟で、強健かつ豊産である。

砂連種は、新竹および台北州の苧麻産地で栽培されている。茎葉淡緑色を帯び、葉は大形で深いしわがある。茎は長大で品質が良いが分蘖力が乏しく、風害に弱い。

青心種は、前2種の中間性品種。早熟、品質良好だが収量が少ない。もっとも、本州のなかの細茎青心種は収量が多く、白皮種を凌駕している。耐寒性に弱く、風害にかかりやすい欠点があり、寒地における栽培には不向きのため、九州各県の奨励品種として栽培している。宮崎県立農事試験場の比較試験成果がある。

●宮崎県川南試験地―プロジェクト研究成果13号

1963(昭和38)年に、農林水産技術会議編『苧麻に関する川南試験地30年の業績』(プロジェクト研究成果13号.農林水産省)にも、繊維用のカラムシ品種について記述がある。158頁の報告であるがウェブサイトで公開しておりPDFで読むことができる。

試験研究成果としては唯一の製本されたものであろう。実生繁殖、株分け、防除、栽培技法のすべてが書かれている。

(http://agriknowledge.affrc.go.jp/RN/2039014196)

◎1942年当時の全国の苧麻栽培面積

ちなみに1942(昭和17)年当時の全国の苧麻栽培面積は6319ha。宮崎県の栽培面積は1001haで第1位、2位は鹿児島県998ha、3位は熊本県720haであり、4位石川県558ha、福島県は92ha、山形県は記載がない。1958年には全国で910haに減少、熊本県270ha、宮崎県250ha、石川県120ha、福島県は10haである。

ちなみに現在の昭和村は生産者40名で70a(0・7ha)ほどの栽培面積となっている。

◎川南試験地での品種評価

川南試験地では、当時102品種を所有していたことがわかる。

わが国に現存する品種はいずれも白葉系のもので、古来北陸、奥羽地方に栽培されていた在来品種には大葉種と青麻または水苧麻種と称する2種がある。大葉種は、茎は太く葉も大形で、節間が短く、葉の裏に白い毛が密生している。茎の皮層は厚く、収量は多いが品質は良くない。青苧または水苧の茎は細長く、葉裏の白い毛も少なく、繊維は細く美しいが収量は少ない。この両在来種は手紡苧麻糸の原料に使用されたが台湾系の紡績苧麻糸の進出により激減した。

(1)白皮種

栃木農試で選定した品種で台湾南部に多く栽培されている。葉は大形で淡緑色であり、茎はやや太く、淡緑色である。分ケツ数はやや少ないが繊維の色沢はよく、耐寒、耐風性やや強く早熟である。本州中部以北または九州においてもやや寒冷な地方で一般に見られる代表品種である。

(2)細茎青心種

宮崎農試で台湾青心種から選抜したもので、茎葉ともに細く濃緑色をなし、分ケツ数は非常に多く伸長もよい。繊維の色は淡褐色であり耐寒性、耐風性の点で前者に劣るが暖地では収量が約3割多い。しかし、繊維は細美で細糸紡績用に適する特性を持っている。九州沿岸や其の他の暖地で栽培面積の多い代表品種である。

(3)宮崎112号

白皮種の自然交雑実生の系統分離により昭和12年宮崎農試川南分場でつくられた。外観は白皮種によく似ているが暖地向である。しかし、細茎青心種よりやや耐寒性は強いようであるが未だ栽培面積は少ない。

(4)「しらぎね」「あおかぜ」

両者ともに嘉義正種の自然交雑実生の系統分離によりつくられたものである。温暖地向品種で細茎青心種より多収であるため、1958年2月それぞれ農林1号および2号として登録されたもので、現在鹿児島、宮崎、熊本では吸枝の増殖を行なっている。

●からむし工芸博物館の苧麻見本園64品種

昭和村佐倉にあるからむし工芸博物館の北側屋外展示圃は、64品種の見本園となっている。これは、2001年の落成時に、当時昭和村産のカラムシ繊維の機械紡績を依頼していたトスコ株式会社三原工場(広島県三原市)からの協力提供による62品種に、昭和村、石垣島種を加え64品種としたものである。

トスコ所蔵の品種の由来は、戦前の各試験場が育種素材として集めた品種で、そのなかから宮崎県川南試験地や栃木県農事試験場、トスコの山守博氏が育種しブラジルなどで栽培されている品種がある。

64種の内訳は、昭和村のカラムシ、石垣島のカラムシ、山形在来種1、山形在来種2、山形白葉種、福島在来種、石川在来種、鹿児島在来種2、熊本在来種、調布種、沖縄種。中国の品種として黒皮兜、線麻、黄殻種。川南試験地が1951～1959年に各所より集めた育種原料の品種。京都大学

苧麻見本園の看板

64品種が植えられている

農学部より白皮四倍体2、白皮四倍体5、石川県農業試験場より米国種1、米国種3、仏国種3、仏国種4、爪哇種、細茎青心種5、鹿児島在来2、紅花種1、紅花種2、山形白葉種4、伊豆改良種、沖縄種、台湾種の嘉義山種1、栃木県農業試験場より白皮33号、芦野町採苗、砂連種、細紅花種、青心1号(日本で改良)、野生カラムシ、台湾種の青心種、台南紅心種、新竹青心種、支那種、鹿児島県農業試験場より宜蘭紅心種、阿喉烏皮種、朝鮮種、日華麻業会社より武穴産苧麻、台湾中央研究所より正種、台中州能高那役所より白花種、台南州立農業試験場より台南黒皮種、嘉義正種、嘉義山種である。

◎宮崎県川南試験地交配による選抜種

川交1―506、川交1―704、川交2―1315。

◎実生選抜種

川南試験地により育成された品種として細茎青心種、宮崎112号、しらぎぬ(川南1号)、あおかぜ(川南2号)、川南3号。

1923(大正12)年に栃木県立農事試験場が耐寒性品種として育成した白皮種。

1927(昭和2)年に日本からフィリピンへ導入された比島産種。

1939(昭和14)年に日本からブラジルへ持ち込まれた品種の宮崎種。宮崎112号に類似しブラジル栽培のラミーの6～7割を占める。

1941(昭和16)年に日本からブラジルに持ち込まれた村上種。ブラジル栽培の3～4割を占める。

1953(昭和28)年に東洋繊維株式会社立田山農場で選抜育成した立田改良種。

◎山守博氏育成品種

東洋繊維株式会社(現トスコ)がブラジルのパラナ州農業試験場との提携によって、宮崎種の自然交雑種から選抜した品種のYAMAMORI種(普及品種中最も多収型)とTPA種。ほかにTPA190、F―502、O―1―70と調布種、人苧種がある。

2章

カラムシ利用の歴史

植物繊維の利用

●縄文時代の植物利用

人類の植物利用の実態究明については、国立歴史民俗博物館により共同研究「縄文時代の人と植物の関係史」として、近年明らかにされてきている。

食糧資源、建築・土木用材、塗料、繊維など、植物はさまざまな形で利用されてきた。協同研究では、野生植物、栽培植物を含めて、クリ、ウルシ、トチノキ、アサ、ヒョウタン、ササゲ属やダイズ属などの豆類、鱗茎類について、その利用が「いつ」、「どのように」始まったのかが調査・研究されている。それぞれの種子の生態的特徴や分布などを検討し、放射線炭素年代測定、安定同位体分析、木材化石の分析、花粉分析、種実遺体の分析、デンプン分析、土器圧痕分析、DNA分析などの最新の分析手法による研究成果を融合して、縄文時代の植物利用の実態とその時間的変遷を体系的に示すことを目的としている。

最新の分析手法によれば、福井県鳥浜貝塚から出土した縄文時代草創期の縄類で、従来アサとされた1点は判定できず、縄文前期の縄でアサとされた1点はマタタビ属の材だった。縄文中期の富山県の小竹貝塚から出土した縄は14点がリョウメンシダ、1点がカラムシ。カラムシの可能性があるとされた青森県の土井1号遺跡のものは確定には至っていない。カラムシの縄類はあまり多く確認されていない。

●アサとカラムシ

【奥会津昭和村でのカラムシとアサ栽培】

奥会津地方(昭和村)では「いちばん肥えた良い畑にアサを蒔いた」とし、アサ採取後に越冬用野菜(オバタケナ、ダイコンなど)を蒔く。初雪頃に野菜は収穫し、軒下に吊るしたり、土室(つちむろ)やニュウをつくりワラで囲い冬期の食糧とした。

野菜類の播種前に堆肥などを入れる場合もあるが、一般的には施肥を行なわないため、アサと野菜の施肥量を見越して、最初の作物であるアサ播種前には大量の堆肥を入れていたと考えられる。

数年アサを栽培した畑にカラムシの根を植え、その後5～10年カラムシ畑として利用し、カラムシ根を掘り起こしてアサ畑として利用する輪作体系ができていた。アサ→越冬用野菜→アサ→越冬用野菜……→カラムシ(～10年)→アサ→越冬用野菜という循環(輪作)によりカラムシの連作障害をうまく回避していたことがわかる。

連作障害によりパッチ(穴)状の「ウセクチ」がカラムシ畑内に出た場合、その周囲のカラムシは枝を多くつけてしまうので、カラムシ焼き後にそのパッチ状の空隙にアサの種子を巻き付けて同時生育をすることも行なわれた。

【循環・輪作のサイクルのなかで】

新しい畑にカラムシを植え付けると5～8年で根が混み、根は弱りウセクチがたち(欠株が多くなる、連作による障害と思われる。失せ朽ち、失せ口)、根を掘り上げ別な畑に植える。

畑のウセクチがたった穴状(パッチ)の空間に、アサを蒔き、カラムシとアサを同時に育て、ウセクチ側のカラムシが多く陽光を浴びることにより硬く太くなることを防いだ技術も、緊急的な対応として行なわれていた(昭和村・五十嵐初喜氏談)。

ウセクチのたったカラムシ畑では、その根を掘り起こし畑の外に持ち出し、アサの種が蒔かれ、しばらくの間はアサがつくられ、数年後地力が回復した頃にまたカラムシの根が植え込まれた。

アサを引き抜いた収穫後の畑には「オバタケナ(苧畑菜)」が蒔かれ秋遅く収穫していた。

こうして一枚の畑で「カラムシ↓アサ↓越冬野菜↓カラムシ↓アサ……」という循環・輪作で利用し、カラムシの育成中のものをも、うまく組み合わせることにより、限られた面積の畑から一定品質一定量の収穫を得て、永年収穫でき、産地の維持が可能となっていたのである。

2種の繊維作物の栽培に注目したのは、東京新宿の民族文化映像研究所の所長・姫田忠義氏である。1986年から来村し、『からむしと麻』の映像記録を開始した際に、「昭和村では、1軒の家でカラムシとアサという異なる繊維作物をなぜ栽培しているのか。意味があるのではないか」と問題提起された。カラムシの研究者、アサの研究者らは、それまで2種の組み合わせを見ずに、単体のみの調査がなされていたのである。

アサとカラムシという異なる2種類の繊維作物をうまく取り込み、支え合った。アサがあったからカラムシの栽培が続いた。その売り方にしても、繊維原料で出荷するからむしと、布に加工し製品化した麻という具合に使い分けたのである。しかし経済状況の大きな変化、化学繊維の台頭から産地はしぼみ続けてきていた。

【アサの特徴と栽培】

アサは(*Cannavis sativa* L.)は、中央アジアが原産と考えられているアサ科の一年生草本で、繊維・油脂・薬・食糧など用途

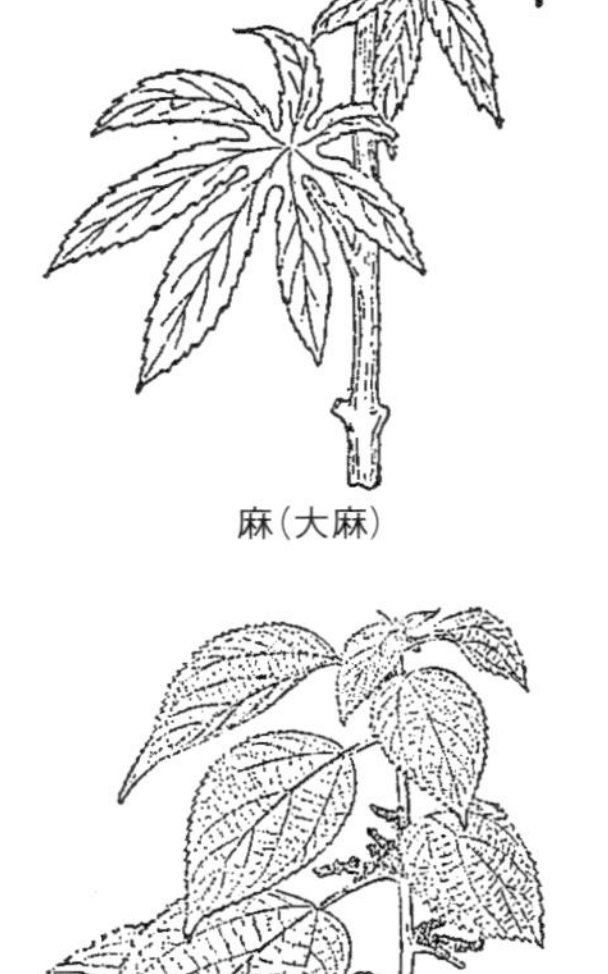

麻(大麻)

苧

町田誠之『和紙の風土』(駸々堂)より

が広く、古くから世界各地で栽培されてきた。アサは縄文時代の16遺跡から紐や種子の出土が確認されている。そのなかで近年、千葉県沖ノ島遺跡から縄文時代早期のアサ果実(種子)を検出し、放射性炭素年代測定で約1万年前のものであることが判明した。縄文時代早期後葉の秋田県菖蒲崎貝塚では、土器内面に炭化して付着したアサ果実(種子)も見つかっている。

現在日本国内でのアサ栽培は、戦後のＧＨＱ占領時代に制定された大麻取締法により、都道府県知事の許可が必要とされてきた。全国のアサ栽培免許取得者は13道県の34人となっているが、２０１７年の島根県での栽培者による同法違反事件以来、新たな栽培には許可が下りない、高校での栽培体験が自粛されるなど、栽培には厳しい状況が続いている。伝統文化維持などのために特別に許可された微少面積栽培を除いて、唯一の営利生産を行なっているアサの産地が「野州麻」の栃木県鹿沼地域である。13戸の農家が約７９０ａを栽培しており、その生産量は全国の8割を占める。

この産地を抱える栃木県立博物館の篠崎茂雄氏の報告によれば、アサは播種後90日で草丈が2～３ｍとなる成長の早い植物である。葉は5～9枚の葉片からなる掌状。雌雄異体のため雄株と雌株があり、夏の終わりから秋頃に開花し、風で受粉し種子ができる。これまで1世紀頃に日本に伝播したと推定されていたが、現在では縄文時代には栽培が行なわれていたと考えられている。

日本列島各地でアサは広く日常的に栽培された。しかし戦後になるとＧＨＱの占領政策によりアサ栽培は法的規制が行なわれ、都道府県知事の事前許可が必要となり、また化学繊維の普及などから昭和30年代頃にアサの日本国内での栽培は急激に減少した。

繊維生産用のアサは成長したときに主幹から分枝しないように密植する。現在の生産事例ではアサの花が咲く前に収穫する。風害が少なく、砂礫地で腐植質の少ない畑で栽培し、種実取得用の場合は肥沃な土地が適地とする。多く実をつけさせるため枝が付いたものを利用するので、疎植して別に管理する。肥沃な土地で生育したアサからも繊維を取ることはできるが、強靭な繊維は期待できない。したがってアサは山間部の腐植の少ない土壌の地域でその生産が行なわれた、とする。

【用途による使い分け】

アサとカラムシの繊維は、よく似ており判別は難しい。しかし、民俗学の事例によれば、アサは紐やロープ、漁網、下駄の鼻緒の芯縄などの原料となり、細く裂いて糸に績んだものからは普段着や作業着がつくられた。また、手で綯(な)うことにより、簡単に紐にすることができるので、日常生活用具や農具、漁具などに用いられた。さらに、祭礼や年中行事、人生儀礼などの信仰の用具としても利用された。そのため商業的な生産と併せ、自給用にアサを生産し、利用した事例は全国各地に見られた。
これに対し、よそ行きの着物はカラムシで織られた。繊維が長く、細い糸がとれるカラムシは着物、とくに高級織物の加工に向いており、庶民の生活では、両者は区別されていた。

【『魏志倭人伝』中の記述】

栃木県立博物館の篠崎茂雄氏によれば、カラムシ(苧麻)の植物の幹(茎)から得られる繊維は「苧」「紵」「青苧」「真苧」などと呼ばれ、『魏志倭人伝』にみられる「細苧」はカラムシであるとしている。

考古学者の森浩一氏は『日本の深層文化』のなかで、いわゆる3世紀代の日本列島の貴重な情報がわかる『魏志倭人伝』の、これまでの読み方を考え直している。「種禾稲紵麻」は「禾稲(いね)と紵麻(ちょま=カラムシ)を植えている」と読まれてきたが、「禾と稲と紵と麻」と読むべきではないかと新説を提示している。それは前段の読み方について、農学の鋳方貞亮氏が著作『日本古代穀物史の研究』のなかで、「禾稲(いね)」ではなく「禾(アワ)と稲(イネ)」と明快に判定していることに注目していることによっている。

しかし、鋳方氏の著書には後段の紵麻についての言及がない。一続きの同じ文のなかでのことであり、ここは織物の原料となる「紵と麻」はカラムシとアサと読むべきではないか、と森浩一氏は提案している。慧眼(けいがん)である。

●植物繊維の利用

【利用目的に応じた素材の材質と採取適期】

指摘されるように、カラムシの採取適期は、必要とされる用途により繊維充実度を見ながら採取する。沖縄県の石垣島では現在42日程度で収穫し、春から秋にかけ3回の収穫としている。宮古島では加えて冬期間も2回ほど収穫することもできるとするが、冬期収穫の繊維は布にするには不向きであるという。

首都大学東京の山田昌久氏(実験考古学)によれば、カラムシ繊維の紐の特徴は、縄文時代の石斧石刃を柄に固定するような場合でも、紐が劣化して伸びることがなく、固定が長持ちすることが実験でわかったという。

また繊維の取り出し方についても、カラムシやアカソ(赤麻)などでは、現在のオヒキガネ・オヒキダイのような器具組み合わせで行なうのとは異なる処理方法があったことも考えられるとしている。実験では、剥片石器の刃を鋭利になるように潰したものを使ったり、木刀などを使ったりして繊維を挽き出そうとしたが、うまくいかない。採取時期も関係があるのかもしれないと指摘している。

たとえば、現在では7月下旬がよいとされている採取時期が、縄文時代の技術では必ずしも適期であるとは限らない。東日本での8月以降の実験では、硬くなった植物からの繊維挽き出しは手間がかかり、長い繊維を取れない。しかし先の石垣島のような例もある。

すべての繊維を、布の材料とみるのではなく、暮らしのなかで使う糸、紐、綱などの材料にもできるため、繊維の質を見極めることが必要であった。アサやカジ、コウゾ、樹皮類など他の植物繊維の場合にも共通するが、現在の調査は布原料に適する繊維かどうかという狭い適用範囲で、良いか悪いかを判断している。布にする原料には不適でも、生活のなかでは布として使う以外にも利用場面があり、活かされてきたことを、もっと詳細に聞き取るべきである。

【カラムシの大きさと品質】

後段で最上苧・米沢苧と越後の様子について紹介しているが、「短いカラムシほど繊維の質が良い」という。商品規格でいえば子供苧・私苧などである。こうした現況を見ると八重山・宮古の短いカラムシ利用は、自ら繊維から糸を績む生産と加工が同じ場所で行なわれているなかでたいへん合理的な品質概念(実利)が見える。

からむし繊維を商品とする場合に重要なことは「見た目(外観)」である。産業化して生産地と加工地が離れ分業化していくと、品質と輸送費などを含む費用はトレードオフの関係にある。21世紀が手仕事・生活工芸の時代になるならば、カラムシは八重山・宮古のような短い繊維、糸にしやすい状況(成熟度合いの再確認)を優先すべきである。

日本国内ではカラムシは産業化、分業化してその使命をいったん閉じている。文化財的素材になるという意味は、産業化しないあり方を模索すべき素材になったという社会的な合意を意味する。そうした意味で産業化、分業化しなかった台湾原住民のカラムシ文化のありようは素材とどのように関係性をもっていくか、示唆に富む。

奥会津の昭和村の場合でも、かつてカラムシは2回の収穫をしており、秋収穫は二番苧として繊維を取り出し、販売していた。あるいは自家用として利用した。またカラムシ剥ぎをしただけで外皮を付けたままの「カラッパギ」は皮付き繊維で乾燥して、綱(ロープ)などに編み込み利用した。紙漉き(製紙)のコウゾ類の処理で、剥いだまま乾燥させる黒皮に該当する。

台湾の台東市の布農(ブロン)族の阿布糸織布工作坊でも台風で倒されたカラムシから外皮をつけたままの繊維を乾燥させ、叩いて綿状に加工してクッション材などに使うなどの試作をしていた。布農族はカラムシを「リブ」と呼ぶ(2017年11月25日現地調査)。

【皮付きの麻=皮麻の生産】

アサでも皮付きでの製品が栃木県内では生産されたことが記録されている。皮麻といい、収穫したアサを熱湯で40分ほど煮てから、皮を剥いで乾燥させたもので、表皮やゴム質のかすが残り黄色味を帯びた緑色をしている。野州麻の産地ではこれをニハギ（煮剥）と呼ぶが、「煮て皮を剥いだもの」という意味である。

皮麻は精麻と比べると手間がかからないため安価で取引された。都賀町や西方町、鹿沼市東部で、精麻とともに皮麻もつくられ、鹿沼市西部でも成長しすぎたアサや屑アサなどを皮麻に加工し出荷した人もいた。皮麻は撚りをかけて糸にし、菰（こも）の経（たて）糸や畳糸として利用された。

【繊維を挽き出す道具】

繊維を取り出す道具は、昭和村のカラムシ引きの「オヒキゴ」「カナグ」以外に、宮古島で使用しているような貝類（ミミガイなど）の貝刃を利用してカラムシ引きをする例がある。また、石垣島では竹刀で繊維取り出しをした事例、台湾では竹管を割った隙間に皮を挟んで引き、外皮を取り去る合理的な事例など、現在奥会津で行なわれるような道具立てによらない方法も多い。

外皮と内皮に挟まれた靭皮繊維の取り出しでは、外皮（ソヒカワ）を浮かせる、ソヒカワを剥ぎ取る、反対面（内皮面）の青水・不純物を取る作業、手持ち部の外皮を剥ぎ取る。以上が日本国内では普通であるが、台湾の竹管利用の場合は同時処理のため1回（持ち手部分も引くので計2回）で済む。

植物繊維の利用——編みと織り

●カラムシの編布＝アンギン

【編布と織布】

縄文の布を研究して学位論文にまとめ、『縄文の衣』（学生社）を著わした尾関清子氏は、編み物とは「一本の糸またはひも状のもので編目（ループ）をつくりながら布状に編まれたもの」としている。一方、織物とは、「経（たて）糸と緯（よこ）糸とを組み合わせて機（はた）にかけて織った布」（『広辞苑』）とされる。したがって伸縮性に関しては、こうした構造上からも経験上からも、編み物の方が断然すぐれているということができる。

植物繊維を編むことでつくられた布をアンギンと称している。

【縄文の編布】

縄文時代のウルシを漉す布、土器の底部の圧痕などの解析をした尾関清子氏は、さまざまなアンギン（編布）の技法を再現した。

多様な技法解明のなかで、会津の三島町の荒屋敷遺跡（縄文晩期）で出土した巻紐製品をモデルにして細密編布用ケタ（荒屋敷編具）を考案した。このモデルになった製品の原料は不明であったが、鈴木氏らの研究でカバノキ属外皮のコルク層を材とした細い紐を巻いたものであることが明らかになっている。

尾関氏の著書では、秋田県中山遺跡(晩期前半)のカラムシ、山形県押出遺跡・石川県米良遺跡、福井県鳥浜貝塚の3遺跡のアンギンがアカソでできたものとしている。原料産地として昭和村にも1987年秋に来て調査を行なっている。

【新潟のアンギン】

新潟県内でアンギンの発見後、民俗利用の研究を進めている新潟県立歴史博物館の陳玲氏らは、2017年1月から「すてきな布―アンギン研究100年―」展を開催した。小林存(ながろう)氏によるアンギンの発見、先行研究を概観し、叩くことでアカソの繊維を取り出し利用する新たな繊維精製法を廣田幸子氏らと行ない、柔らかいアンギンをつくった。

カラムシは越後上布、小千谷縮布の原料だが、このアンギン展では、カラムシの経糸に、アカソ(オロ)を緯糸として捩り編みをした袖無(そでなし)を多数展示していた。不思議と同じ形状をしていることは、道具が共通しているためと思われたが、なぜアカソを緯糸としたのか、が気にかかる。

またアカソの繊維取り出し技法の実践・研究も深化していた。叩いて品質を整える技法は、現在みられる稲ワラの加工技術にも引き継がれている。

異なる種類の草の繊維を編む、ということは織物ではよくあるが、アカソを緯糸とする精神性があるように思われた。

陳玲氏はアンギン袖無の微細な使用痕の観察により分類をして、生活のなかでどのように使用したのかを明らかにしていた。袖無のライフサイクル、つまり劣化したら別な機能を持たせる、別な使い方にするなど、優れた基層文化の研究成果だった。

袋に製したり、帯にしたり、本来は多様なものがあったと展示から想起された。アンギンの現物とともに、研究史をこうして概観できたことはとてもよかった。

地域にある歴史的な資産を再認識し、生活を支えた本質に研究課題が近づいていることも、よく理解できた。

同じ地域で同じ時代につくられていたアンギンと越後上布・縮が、共通の材料と技術を基盤としながらアンギンは自家生産自家消費の布であり、越後上布・縮が換金商品の布であったのは興味深い。

【自家消費用のアカソ栽培が入会地を守る】

地産地消がいま注目されているが、製品を売らない価値＝自家生産・自家消費というあり方が、次の時代の中心に来ることを予感した。アンギンを編むのは男性で、それも野から採取した植物を利用する。一方、カラムシ(苧麻)から糸を績み、機で上布や縮布を織るのは女性。当初、自家栽培したカラムシ「地苧(じそ)」を利用し積雪期間に糸をつくり春に布を製した。しかし、からむし繊維も購入し、糸をつくり(あるいは糸をも購入し)、布を製するのも積雪期間だけでなくなって量産するような構造となっていく。

そのなかで、野良・山仕事で着用するアンギン袖無は、野の草の繊維で、男性により製造され続けた。アカソを適度に利用し続けることが、アカソ生育地を護り、また隣接集落との山の利用の権利を明示し境界を維持した、あるいは入会地・共有地としてコモンズを継承したと考えられる。

山野利用の歴史を考えるとき、販売用に採取できる植物種には限定があり、たとえばアカソを採取し、原料としてそれを販売すること、あるいはアカソ素材の製品を販売することは制限されていたとも考えられる。限りある資源の利用については地区内で自家用の利用は良いが販売前提の場合は制限される事例もある(アカソ製財布が流通しているが小さなものである)。自ら利用する、着用するものの原料としては採取して良いという規定が感じられる。

●カラムシの織物

【織布と機織道具の関係】

弥生時代から古墳時代は機(はた)による織物が導入された時代である。織布をつくるには、織り機が必要で腰機には、直状式と輪状式がある。経糸の両端を固定して織り始め、仕上がりは長方形の布になるのが直状式、経糸を輪状にして掛け、織り上がりは輪状の布になるのが輪状式と呼ばれる。弥生時代から古墳時代の機は、これまでの定説であった直状式の機織道具が使用されたとしていたが、東村純子氏による国内の発掘出土品のていねいな分析から輪状式原始機が当初導入されたと、大幅に改められた。

縄文時代のアンギンでも漆漉(うるしこし)(ウルシから採取したままの荒味漆を濾過する際の漉し布。濾過して木屑や樹皮などの夾雑物を除くと生漆になる)用の細かな目の編み物が制作されたことが明らかとなっているが、織布を織る場合は、素材を裂いて糸に加工するため、繊維を挽き出す技術が必要になる。そして織物をつくるには糸を大量につくらなければならず、繊維に撚りをかける技術も求められる。そこで効率的で均一な撚りをかける紡錘車が必要となる。また糸の長さをはかる技術がないと機に掛けることができない。

【弥生時代の輪状式原始機】

東村氏は古代の紡織生産体制について考古学の立場から『考古学からみた古代日本の紡織』という優れた論考をまとめている。東村氏により、弥生時代の日本国内の輪状式原始機は台湾から東南アジアに分布するものであることが明らかにされた。台湾では、カラムシ(苧麻)が使用されている。

また、アサとカラムシを織るための機は、輪状式原始機から

「いざり機」(地機)に転換し、養蚕によるマユから採った糸を使用する絹織りには高機が導入されたと考えられている。

●越後縮(小千谷縮)

さて、越後ではカラムシを原料として糸を績み上布を織っていたが、寛文年間頃(1661〜1673年)播磨国明石から小千谷に来た浪人・堀次郎将俊(明石次郎)が、絹織物の明石縮の技法を応用し、緯糸を強く撚ることで「シボ」(細かいしわ)を出し、越後縮(小千谷縮)を考案した。これが夏の高級織物として江戸市中で評価され製造が盛んになった。そのための原材料のカラムシも米沢や会津から多く求めるようになっていく。

1669(寛文9)年に谷野新田村(喜多方市山都町)の谷野又右衛門が、最上(山形県)より苧の根を調達して会津で初めて、カラムシ栽培を開始した。これも越後縮(小千谷縮)が発案されたと同じ寛文年間のことである。多田滋氏によれば越後縮の原料としてのカラムシの移入は1692(元禄5)年に「羽前より参る青苧(カラムシ)を求め」とあり、奈良晒向けより転じて越後への移出量が増え、1700年代初頭(宝永期)から魚沼郡一円のカラムシ栽培は減少していく(地苧の栽培は少量続く)。

越後上布(昭和村からむし工芸博物館)

羽州苧とは現在の山形県で産するカラムシで、最上苧・米沢苧である。1711〜1735年(正徳・享保の頃)には越後松之山の織り手の要望により撰苧の生産が米沢で始まっている。会津苧は羽州苧には遥かに遅れて1800(寛政12)年以降に越後移出が開始されたとする。

1805(文化2)年、米沢藩が越後の小千谷側の意向を尋ねたことに対する返答書に次のように記載されている。

「近年は格別之上縮に用ひ候分は、会津南山御預所之内、金山谷(かねやまだに)と申すより出候青苧(カラムシ)仕入仕……四五年以来までは会津苧と申すは目立候ほどに買入申さず品に御座候」(『小千谷市史上巻』)。

金山谷とは現在の金山町・三島町・昭和村であり、近世はカラムシ生産を行なっている。

1807(文化4)年「大沼郡金山谷　風俗帳」には、「青苧(カラムシ)、夏土用中はきひき仕、勿論其節越国より買人参り相払申候、野尻組大谷組に御座候」などと、野尻組(昭和村)と大谷組(三島町)が夏のカラムシ産地であること、その繊維が越後の買人により買われていることが記載されている。

●明治以降の高級麻織物宮古上布や小千谷縮などの原料

カラムシの織物は、中世に越後や出羽などでは特産化し、現在も宮古上布や小千谷縮などの高級麻織物の原料として用いられている。明治時代になって、外国との交流が深まると、カラムシに加えて、アマやコウマ、マニラアサ、サイザルアサなどの植物から得られる繊維もアサとして流通するようになる。しかし、植物分類学的には異なる植物であり、繊維の質も利用される用途も異なる。

植物繊維の利用——網ほか

●カラムシの鯨取り網

【鯨の網取り法】

1675(延宝3)年頃、日本国内で鯨の網取り法が考案されたとされる。

それまで鯨捕りは銛(もり)による突き取り法で行なわれている。網船の1組が鯨の進行方向に網を張って待ち受け、勢子船が鯨を追い込む。鯨が網に突入すると泳ぐ力や行動力が弱まるので、そのときを狙って銛を打ち込み、捕獲する。網は二重、三重に張り、規模も大きい。

【投網の方法】

山下渉登氏の『捕鯨I』では、鯨網は当初、藁縄(わらなわ)でつくられたが、弱いことと水を含むと重くなりすぎるので、丈夫なアサの苧縄(おなわ)製になった。大きさは十八尋(ひろ)=27m四方を一反とし、一反ごとに藁縄で結び合わせて19反を一隻の網船に積み、2隻の船がそれぞれに積んだ網の端を細縄で結んで(計38反でひと結(むすび)という)、艫(とも)を合わせるようにしておいてから両側に漕ぎ開いていきながら網を下ろしていく。これを、鯨の進行方向に二重、三重に張っていく。

【素材となるカラムシの入手経費】

1802(享和2)年の『前目勝本　鯨組永続鑑』では捕鯨道具を記載しており、網や綱の材料として新苧(新しいカラムシ)2万5000斤＝約15t(銀60貫)、市皮6000斤(銀3貫)、椎皮(新綱の塗料の原料)3万5000斤(銀2貫800匁)、網葉(桐製の浮き)500枚(銀170匁)とある。当時米3斗入400俵＝1200石が銀80貫である。船の新造で勢子船6艘・持双船2艘・双海船2艘の計10艘が、銀9貫160匁である。船が銀9貫に対し、鯨捕網素材のカラムシは銀60貫もかかっている。

総額は銀242貫、米に換算すると1万2100俵(3斗入)、約3630石相当となっている。

【網用の糸づくり(石垣島)】

カラムシは漁網として古くから利用してきたと考えられている。

石垣島の事例では、釣糸はカラムシ(あるいはテグス、馬の尾毛など)。ピィキィ網(曳き網)はカラムシで編みつくる。パイナー(延縄であろうか)はカラムシ糸を縒って30～40mにし、それに豚血あるいは卵白などを塗りつけて、蒸してつくった。最近は県外から移入する漆塗りの縄を用いている。これは糸に水分の浸み込みを防ぎ、水の抵抗を減ずるためである。

【網用の糸づくり(羽後)】

田辺悟氏の『網』でも、カラムシは釣糸や投網の原料としたが、価格が高かったと述べられている。しかし羽後国では刺網類にカラムシを用いたという。網地はアサを購入し糸に紡いだが、米のとぎ汁を桶かタライに盛り、これにアサを1時間ほど浸して取り出し、十分に水を絞る。ムシロを敷いた上にヌカを散布したうえ、アサを竹の先に付けて、10回ほど強く打つ。質の悪いアサは13～14回打つ。それを、竿に掛けて干す。その後、アサを揉み柔らかくしてから裂いて糸を績む。

網や綱の原料であるカラムシ(苧)は、九州では肥後産の「熊(球磨)苧」が知られていたが、ここでは石見大田産のカラムシを下関で購入している。

【網糸の保護剤】

カラムシやアサで製した漁網には柿渋が塗られた。今井敬潤『柿渋』によれば、明治時代後期には南洋諸島のマングローブなどの樹皮から採取した「カッチ」が漁網の保護剤として使用された。

【近世後期の鯨網需要増加とカラムシ】

日本国内とすれば鯨網需要の高まりで、布用の良質のカラムシが不足となり、新興産地の会津金山谷(昭和村を含む)に、鯨用に転用しにくく短く切り揃えたカラムシ(オヤソ・カゲソ・コドモソ)を越後側が要望して、羽州苧とは異なる商品規格が生成されたのではないかと想像する。

これは私の推定で、それを示す書面はまだ確認できていない。ただ近世江戸時代のカラムシが布原料としての先行研究しか行なわれておらず、カラムシの原料の時代別の商品規格も調査が行なわれていない。各地のカラムシ・アサの原料繊維がどのような流通であったのかが未解明である。

アサについては近年、平野哲也氏が鹿沼麻と九十九里浜の漁網、魚粕の連関について興味深い報告をされている。

また、アサは水中で漁網に利用されるものであり、鯨網の材料には使用されなかったのだろうか。麻苧（あさお）と記載されたものは、アサの原料繊維（原麻、半完成品）で、この流通量、カラムシ（青苧）の流通量など、鯨網の製造現場ではアサとカラムシの分別が可能だったのだろうか。まだまだ検討しなければならないことがある。

しかし近世後期となると捕鯨数が減少し、鯨組の再生のためには、良質のカラムシを調達して網を強化しなければならない。

【捕鯨の隆盛と網素材の不足】

数百人からなる専門の捕鯨集団は、紀州・土佐などの他の捕鯨地域では数組に限られたが、北部九州海域の西海地方では突取式捕鯨の最盛期に約70組、網取式捕鯨（網掛突取法）が普及し規模が拡大した18世紀以降においても約10数組が存在した。産業規模は約1万人に達していたと推定されている。

また１８５６（安政3）年の大坂屋組の予算構成表では、苧（カラムシ）代が、銀３万８０００匁、金換算５５９両、予算に占める比率は15・1%で、カラムシは1万斤調達とある。

そして鯨網の品質が捕獲高に直接反映されることは唐津中津組の惣支配人を務めた藤松甚次郎が「網の改良により、捕獲高が増加した」と述懐している。大坂屋組の融資斡旋をした安藤元純も「教書」で鯨網に重点的に設備投資するよう助言している。カラムシなどの特産品と船舶など技術的集約度が高い設備・資材は大坂や肥後などの域外市場から調達した。会津藩の御用達の足立仁十郎から１００貫目（１４７０両）の融資を長崎で受け、カラムシの調達先は肥後方面に切り替えている。

１８５６（安政3）年の平戸藩から大坂屋組への融資事例のなかに、８００両が琉球苧など前細工入用とあり、沖縄からのカラムシの調達も行なわれていたようである。

私は、鯨捕用の網素材としてカラムシ（青苧）の需要が西日本で高まり、繊維原料用以外への販路が拡大していくなかで、羽州苧（最上苧・米沢苧）の商品規格とされる「長苧（ながそ）」は鯨網用に転用もされたのではないかと考えている。長いため、羽州苧は男性が繊維を引き出している（昭和村は女性が引く）。鯨捕用の繊維材料には衣料原料のような厳しい品質は問われず、それよりも量目が重要であったろう。羽州苧は最上川舟運で日本海を利用し関西地方に移出されていたので、九州・紀州・四国方面への移出にも向いていたと考えられる。

●カラムシ利用の新たな展開

【カラムシの帽子】

昭和村の家庭では近年、カラムシ糸を使って毛糸を編む要領で帽子を制作することが行なわれている。村当局が毎年冬の間、その制作教室を開催している。製品が道の駅などで販売され好評である。これは機織(はたおり)を伴わないので簡便である。大量のカラムシ繊維を必要としないことから、畳1枚ほどのカラムシ畑を屋敷地近くに構える事例も増えている。自らかぶる帽子であり、家族などに贈与する帽子が基本である。布にすることに縛られた利活用から、ようやく素材を活かす時代に近づいたと思われる。

【カラムシの葉の食利用ほか】

最上苧を復活した山形県大江町や新潟県内の事例では、カラムシの葉を食品加工素材として利用している。カラムシの葉を練り込んだ生地で「青苧入りパン」がつくられたり、漬け物、蕎麦・うどんなどへも練り込み材として使われたりしている。さらに、石けんや繊維で紙を漉いて、卒業証書をつくるなどにも利用されている。

カラムシの葉を練り込んだ「青苧入りパン」

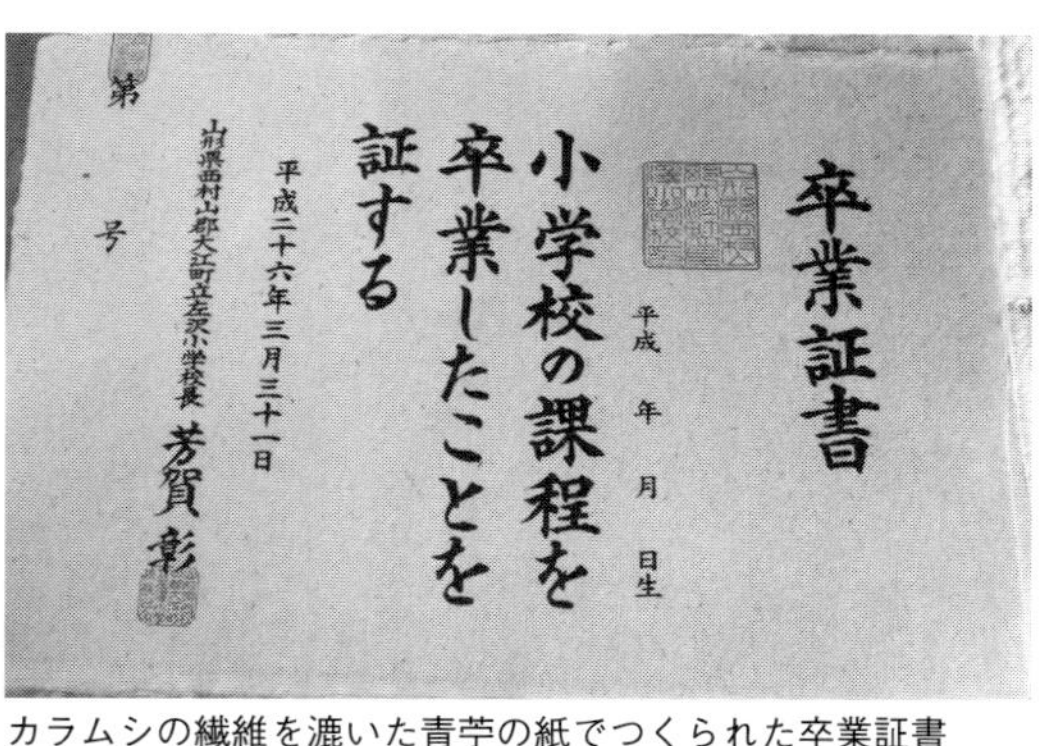

卒業証書

平成　年　月　日生

小学校の課程を卒業したことを証する

平成二十六年三月三十一日

山形県西村山郡大江町立左沢小学校長　芳賀　彰

第　号

カラムシの繊維を漉いた青苧の紙でつくられた卒業証書

【台湾でのカラムシ利用―動物飼養への利用】

台湾のタイヤル族のユマ・タル氏らの野桐工坊ではカラムシの総合利用を計画しており、それによれば、刈り取り時に発生するカラムシの葉を利用しニワトリを飼育し、繊維取り出し後の幹(茎)を養鶏場に敷きつめ鶏糞とともに堆肥として畑に戻す。またカラムシ引き時に出る青水は沈殿池に流し込み、魚類を飼養するというものであった。なおタイヤル族ではカラムシは「ガリー」という(2017年3月16日、現地調査)。

越後・東北でのカラムシ利用

●昭和村へのカラムシ導入

昭和村(近世野尻組)では、村内松山の佐々木太市家文書の1756(宝暦6)年、中向カラムシ・青苧畑証文3通が、カラムシ栽培を確認できる最古の文書である(福島県立博物館所蔵)。下中津川上平の菅家和孝家資料では1773(安永2)年より1876(明治9)年まで、青苧畑、カラムシ畑、青苧時、カラムシ時という文字が記載された文書が11点ほど確認された。また『昭和村の歴史』86頁に、大芦村の1851(嘉永4)年の「青苧畑書入(質入)証文の事」が掲載され、これが大芦での初めての栽培となっている。

1788(天明8)年に幕府巡見使に随行した古川古松軒は『東遊雑記』で、現在の只見町布沢から昭和村野尻にかけての記述で、「緒(お)にする唐(から)むしという麻にほぼ似たるものを作る、この辺に多く作りて」「麻も多く作る」と、2種の繊維作物の生産をみている。唐むしとは青苧・苧麻のことであろう。

これらからみて、現在の資料では昭和村(近世野尻組)では1756年頃には野尻中向でカラムシ栽培が確認され、1788年に古川古松軒が野尻中向に宿泊し、この地域のカラムシを見ている。金山谷産のカラムシ(青苧・繊維原料)が越後側で確認できるのは、1800年頃、越後から金山谷に買付に来ることが確認されるのは1807年である。

●羽州苧(最上苧・米沢苧)

伊豆田忠悦氏は『日本産業史体系3 東北地方篇』の「青苧と最上紅花」で、「江戸時代末期の養蚕業の発達以前には青苧・蠟(ろう)が特産商品であり、山形を中心とする村山地方は青苧・紅花が二大特産物であった。青苧はそれぞれ米沢苧・最上苧と呼ばれたが、併せて羽州苧とも称され、江戸時代を通じて会津方面とともに最も主要な生産地帯であった。(略)米沢地方は、江戸全期を通じて上杉藩のゆるぎない支配下にあって強固な領主的統制のもとにあり、村山地方は積極的な領主の統制支配をなし得ない政治状況下にあった。したがって全国的市場への参加の仕方も異なっていた」と述べている。

山形県内では、青苧は「アオソ」と呼んでいるようである(昭和村ではカラムシと呼ぶ)。

【米沢苧(含、南陽の青苧)】

さらに「青苧と最上紅花」は、米沢苧のうち上物とされたのは、大塚村と屋代村から産したもので、大塚村で栽培されたカラムシの始まりは越後松之山の大塚原から根分けしたものと伝えている。屋代村はのちに天領となったので、ここから産したもの

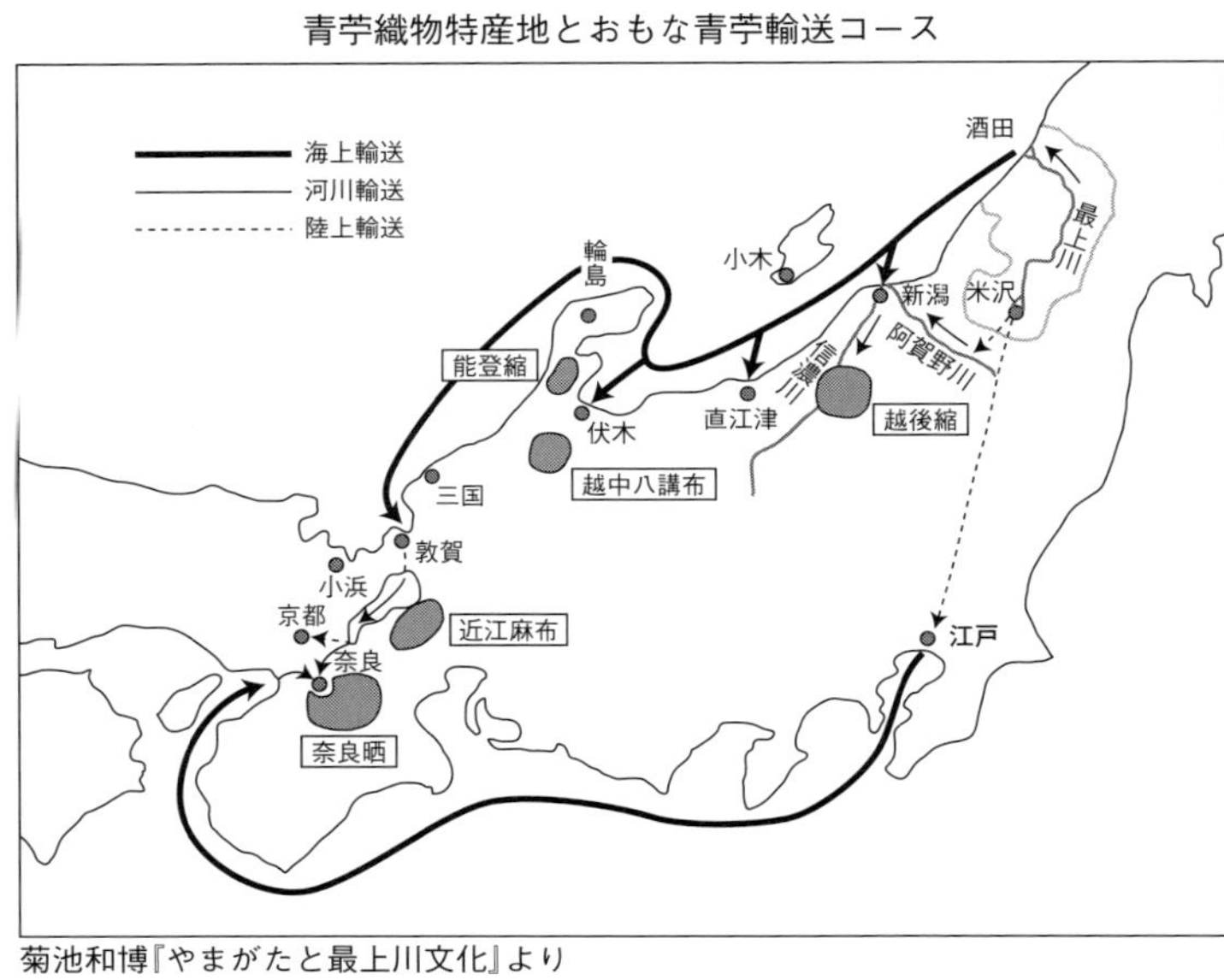

菊池和博『やまがたと最上川文化』より

は御領苧の名があり、羽州苧のうち最良品とされていた。

最上川上流両岸の山麓地帯である下長井郡西通・東通が青苧の第一の産地で、東方の北条地方(現在の南陽市など)は1751年頃(宝暦年間)から青苧栽培が盛んになる。

米沢苧の主産地は、なかでも白鷹山西南の丘陵沿にある山手の諸村である。

最新の研究成果で山形県内のカラムシ生産の全体像については、菊地和博氏が『やまがたと最上川文化』に詳しくまとめている。

【復活した南陽市の青苧】

カラムシの生産はほとんどなくなっていたが、米沢苧といわれた生産地域のなかのひとつの北条郷(南陽市)で、1989(平成元)年のふるさと創生事業の一環として青苧栽培が復活する。その経緯については漆山英隆氏が『よみがえる南陽の青苧』に25年間の活動記録を掲載している。初年度にカラムシ繊維の取り出しをしているので域内に残存(栽培種が自生)していることがわかる。そしてその後、畑に移植、4年目となる1992(平成4)年7月に福島県昭和村のカラムシ栽培の視察をしている。

『よみがえる南陽の青苧』の「青苧の栽培方法について」では、上段の文章は、研修した昭和村の生産の内容を転記したものとなっており、実際に南陽市域で行なわれた手法や道具・呼び名は、下段や別項の写真の説明文を読むとわかる。本来はその土地のやり方を詳細に記録することが重要で、たとえば「写真で見る　青苧繊維つくりの「剥ぎ」「そぎ」の作業工程」が、この南陽市域での手法である。奥会津の昭和村とはかなり異なる。伝統としては羽州苧域が古風を残しているので、この工程写真は重要であり、カラムシ「引き」ではなく「そぎ(削ぎ)」という呼び名が大切である。

【昭和村と南陽市の技法を比較する】

昭和村では、畑から刈り取ったカラムシは男性が剥ぎ、それを女性がカラムシ引きするが、羽州苧の栽培地域では逆となっている。大きな違いであり、こうした男女による作業の分業・分担についても、その土地の様子が具体的に記載されたものは少ない。仕上げる商品規格、長さ、質、呼称についても産地の本来のあり方が重要である。「オヤソ」「カゲソ」「ワタクシ」は現在の昭和村の呼称であり、昭和村でも明治期には「ワタクシ」ではなく「小供苧」（※子供ではなく、明治期は小供と漢字表記している）としている。

　南陽市域では、本来は、昭和村のような短く切り揃えた繊維ではなく（時代により長さの変化はある）、特別に長さを揃えず、成長した長さのままを活用した「長苧」といわれた長い繊維であった。その「カラムシそぎ」（昭和村ではカラムシ引き）に男性が従事した意味は、「カラムシそぎ」に強い力が必要だったためと考えられる。詳細をみると、「カラムシそぎ」は剥いだ皮を4枚並べて、上から体重をかけて行なうなど技法が昭和村とは異なる。昭和村では、女性が2枚の皮を同時に引く「2本引き」が主体であったが、現在は1本引きである。繊維長も圃場で一尋（両手を広げた長さ）に裁断しているので、引きやすかった。

　山形県内のカラムシ生産の道具類も、昭和村とも異なり、作業の質・呼称、呼称の背景にある産地哲学も異なったはずである。

◎南陽市「カラムシそぎ」の特徴

菊地和博氏は『山形県立博物館研究報告』の「青苧の生活文化史」で、南陽市での青苧生産作業を調査している。そこでは、次のように記録されている。

①刈り取った青苧（カラムシ）を清流から取り上げ、まず指を使って青苧の表皮を一気に剥ぎ取る（剥皮という）。

②表皮はさらに青苧挽き（青苧かき）台（「なで板」とも称す）に乗せて「こ」（小刀・「おかき」とも称す）を使って表裏の青みの皮を全面的に剥ぎ落とす（甘皮取りという）。

③残った白っぽい皮を靭皮繊維といい、これが衣料原料となるものである。

④かつて剥ぎ皮の作業は女性、甘皮取りを男性が行なったという。

⑤1日の基準は女性が4束、男性が5束とされた。

⑥この靭皮繊維を束にして、竿に掛けて乾燥させる。かつて乾燥の仕方は、会津産は日陰干し、山形産のものは日干しであった。前者（会津産）の繊維は青味を帯び、後者（山形産）のそれは赤味を帯びていたという。

◎南陽市の「カラムシそぎ」工程

漆山氏の著作の写真の解説文などから、南陽市域では次のようなことがわかる。

①「剥ぎ」は、カラムシを2本、元から30㎝のところを折り曲げ、折った箇所より元の方に親指を入れ、左手で末（ウラ）をしっかり押さえ元の方へ剥ぐ（次頁の写真1）。

南陽市では、2本を同時に剥いでいるが、ここにはかつての産地であった経験が見える。昭和村でも2本で剥ぎが行なわれたが、現在では1本ずつ処理する（剥ぐ）のが基本的である。「引き」も同じでかつては2本引きだった。2本引きは効率化のためである。それは産業として位置づけられた意味を持っている。現在は1本で剥ぎ、1本を引く。

②剥いだ元の方をしっかり押さえ、親指と人差指を入れて末の方へ剥いでいく。

③基準は1本のカラムシから2本の繊維を取るのが理想で、表と裏をはっきり区別する。

④皮を剥いだ茎である「オノガラ」を2本（30㎝間隔）置き、剥いだ皮は表面を上に、八の字を書くように置く（写真2）。オノガラ（昭和村ではオガラ）とは、皮を剥いで残った芯（茎）をいう。

⑤オノガラを2本上げ、挟むようにして上下のオノガラを4カ所結ぶ（写真3）。

⑥それを2時間ほど水浸けする（写真4）。表皮を削りやすくし、アクを取るためである。

⑦水浸けした剥いだカラムシを「そぐ」（昭和村では引くという）。4本の皮（繊維）の表面を揃え、裏側に「こ」（鋼鉄製の刃に木製の持ち手を付けたもの）を当て、元より手一杯、末の方へこく（写真5）。

⑧「あか皮」を浮かした皮を表にし、挽き台（ホウノキ製）の上に皮を4枚並べる（写真6）。「こ」の角度は45度にして1度目は軽くそぎ、2度目からは白い繊維が出るよう力を入れる。カラムシが長いほど手前に引いて末までそぐ（写真7）。手を持ち替えてそぐ。挽き台の長さは25㎝なので、持ち替え

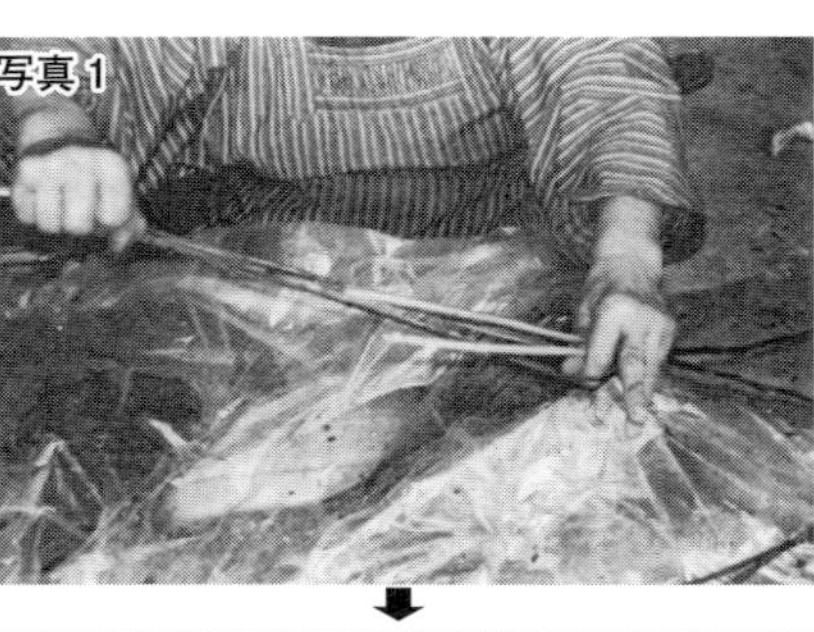
写真1

写真2

写真3

写真4

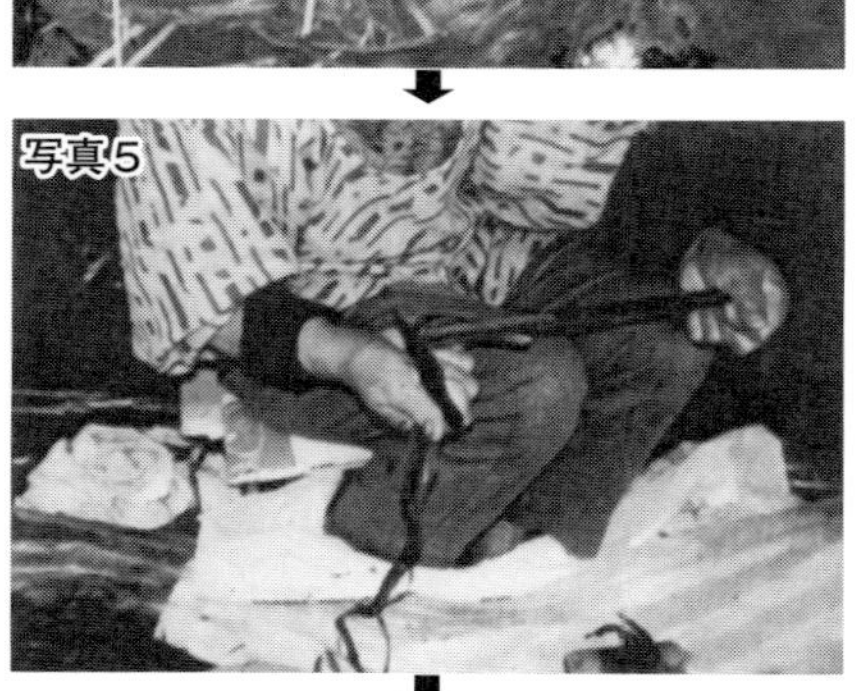
写真5

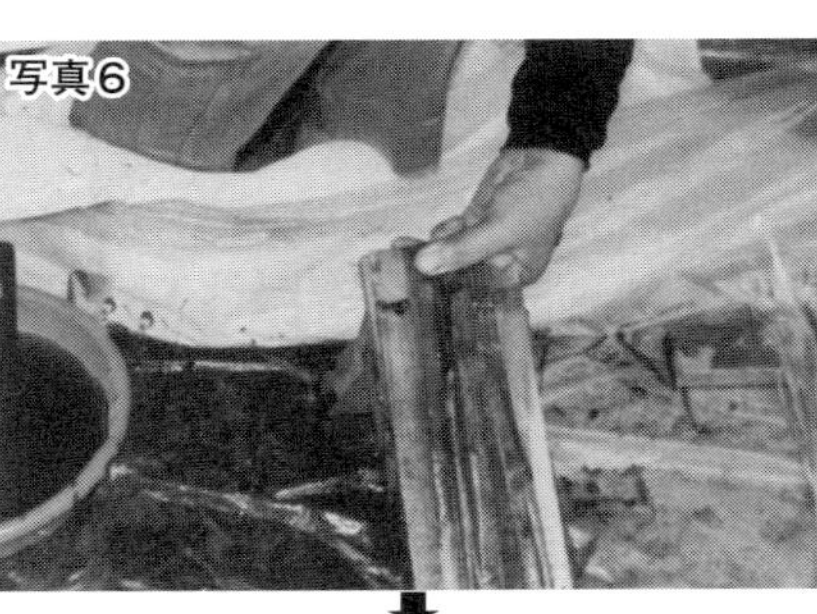

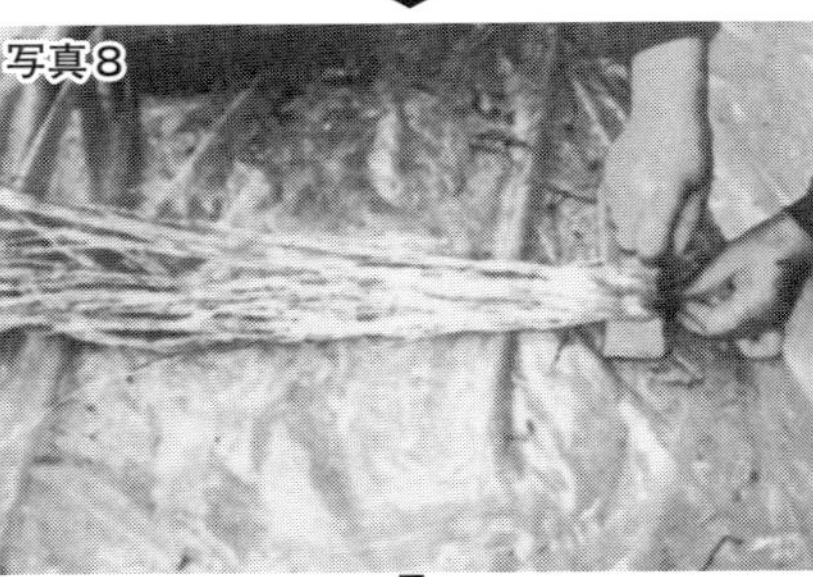

漆山英隆『よみがえる南洋の青苧』より

3回くらいそぐ。

⑨手に持っていた元を逆に返し揃えて、元をそぐ。

⑩そぎおえた繊維の元を8本、揃える。揃え方は中心より1、2、そして1の前に3、2の後ろに4。3、1、2、4というよう2回繰り返し、繊維8本を1束とする。

⑪挽き台の上に繊維を揃え、10㎝くらいの所に結ぶ位置を決める。ばらばらにならないように、角板に揃えた繊維の上に「こ」を当てて押さえ(写真8)、くず繊維を使い、上から下に1回まわしひとつ結びにする(写真9)。

⑫3、1、2、4と揃えたので半分に分けやすく、竹竿に掛けて20日間ほど乾燥させる。陰干し。

『南陽市史編集資料』第6号(1981年7月)に南陽市太郎の川合芳吉氏宅で川合太吉氏が実演した写真が掲載されている。

青苧はぎは2本剥ぎ。青苧ひきは挽き台にのせ「こ」で表皮を何回もそぐ、としている(左の写真参照)。

また錦(にしき)三郎氏による解題では、江戸末期の小滝村の畑総面積の30～40%が青苧畑であったろう、としている。青苧栽培の年間作業について、川合太吉氏、川合芳吉氏、川合太兵衛氏(以上、太郎地区)、江口平馬氏の話をまとめている。貴重な聞き取り内容であり紹介する。

①青苧畑にその年生ずる苧(カラムシ)を、そのまま育てると

南陽市のカラムシそぎ(「南洋市史編集資料第6号」〈南陽市、1981年〉より)

側枝が出、繊維の質も良くなく収量も少ない。それで立春から数えて120日頃、いわゆる「焼き畑」をする。

「110日の霜に合わなくとも、120日の霜にあう」などの諺があり、焼き畑は霜が降りなくなるとなされた。その頃、すでに苧は30㎝くらいに伸びているが、それを刈り取り、そのあと、山の雑草と小柴を刈り取ったもの、または萱屋根を葺き替えた時の古萱などを畑にかける。この状態を「刈りかけ」と呼ぶ。

刈りかけが乾燥すると火をつける。ちょうど田ウナイの頃である。「夜あがり」してから火をつけるが、必ず風のない日の夕方に行なった。夕暮れになって火が見える頃になって火をつけたという。山火事になることを警戒した。

②焼き畑のあとに、堆肥(厩肥)を施したり、下肥を散布する。冬期間、青苧畑に人糞尿をふりかけると青苧につく毛虫が発生しなかったともいう。焼き畑により二番発生の苧は、長さ太さが均一のものとなった(昭和村ではカラムシ焼き後に発生する芽を一番としており、山形県内の表現とは異なる)。

③青苧は、風を嫌うので、畑の周囲に「風かこい」をした。萱を編んだものを、とくに、風上に立てた。それでも、青苧畑の外側の苧は「外苧」と呼ばれ、品質が落ちる。畑の中央部の苧は「中苧」と呼ばれ、良い苧に生育した。

八十八夜を基準にして1回、畑の上部を耕した。そのとき、「飛び芽」も雑草とともに削りとった。これを「青苧畑うない」といった(畑の外部に伸び出たものを掘り取ることを意味していると思われる)。

④青苧の刈り取りは、6月中旬から始まった。「お熊野様のお祭りの前」、つまり土用までに終えるようにともいわれていた。一度刈り取った青苧畑に生育する「二番青苧」(これは実際には三番になるので三番青苧の誤りと考えられる)は、秋の彼岸前に刈り取った。これは、いくらか短いが品質がよく、越後の青苧商人が買いに来た。この二番苧(三番苧であろうか)は、吉野川渓谷の特産品であったらしい。この繊維からは肌着にする布が織られたという。

青苧刈りは、一朝に3把刈るのが一人前であった。刈るときは、鎌を苧の根元にあてて水平にひき(昭和村ではカマを斜めに当てる)、切りあとが平らになるようにする。そのあと、葉をかきとる。

「外苧」は別に束ねる。また長い苧、短い苧、その中間の苧と、区別し束ねる。稲ワラを3~4本ずつ両手に持ち、穂先の方を結んだ「つなぎ」で束ねる(昭和村ではスゲという)。

1850(嘉永3)年の「青苧取日記」によると青苧刈は7月23日から8月21日まで約1カ月間続いている。

⑤刈り取った青苧は2~3日、池や川に浸し、重石をしておく。良い繊維を得るには、何日水に浸しておけばよいかも、耕作者にとっての大きい問題であった。長すぎると繊維の色、艶、

強度に悪影響があった。池の場合は、常に水が流れている池でなければならなかった(昭和村では冷流水で2時間、あるいは夕方浸けて朝取り上げる)。

⑥池・川に浸した苧を取り上げて「青苧剥ぎ」をする。苧を2本、膝の上にあげ、元から30㎝のところを2カ所折り曲げ、親指をさし入れて、まず元の方の川を剥ぐ。続いて末の皮を剥ぐ。剥いだ皮は、「おのがら」(皮を剥いだ苧)の上に円形に置く。

⑦次に「挽き台」の「引き板」(ホウノキ製)の上に、剥いだ皮を載せ「こ」で表皮を、そぐように削りとる。削りとった表皮は「ひかす」(挽滓)と呼ばれ、乾燥したあとに打ち、布団綿の代用にもした。

また「おのがら」は3~4カ月池に浸し、取り上げると中芯がとれる。これは、火を移す「つけ木」代用ともなった。皮は元の方は、きれいに剥ぐことができるが、末の方に、剥ぎ残りがでる。それをていねいに剥いだものは「からはぎ」と呼んで自家用品にした。

⑧引いた苧は、もと10㎝ばかりのところを「ひとつ結び」にし、長さ2間の竹の竿(干竿)に振り分けて掛け、乾燥する。そのとき干竿の両端を約2尺あけた。

⑨青苧挽きの職人もおり、中山(白鷹町)や隣村の荻から7~8人も来たという。挽き職人は1日に竿16本分を挽いた。

⑩青苧には売苧、役苧、手前苧と区別され、竿に掛けるとき、結び目の上部の形を変えた。売苧は四方に散らす「獅子頭」、役苧は筆の穂先のようにまとめる「筆止め」にし、手前苧はとくに手を加えない。

下げた苧は、先端を返して上部に結びつけた。撚れないようにするためである。

川合太吉氏によると、「役苧」は元の方の皮を挽くときは、ことさらおおざっぱに挽いたということである。役苧なので、繊維の重さを確保するために、おおざっぱに挽いて、植物質を残したのではないかと思われる。

米沢藩は、畝苧、相場苧、下々苧(切苧)などと分けている。

●最上苧の復活(大江町)

2008(平成20)年5月に山形県大江町に「青苧特産品づくり支援隊」、9月に「青苧復活夢見隊」が発足した。最上苧復活の動きの経過は、東北芸術工科大学などとの共働による報告書が発刊されている(『山形県大江町　蘇りの青苧ものがたり——青苧復活夢見隊の軌跡』)。大江町内に残存している葉裏緑色のカラムシ根を利用し移植した。それを利用し繊維を取り出し糸績み・機織りが行なわれている。またカラムシの葉を収穫して、粉体加工して加工品を育成するなど、村上弘子さんらによる活発な活動が行なわれている。昭和村との行き来もある。

大江町内の七軒地区の十郎畑の地主で青苧商人の齋藤家の母

最上苧

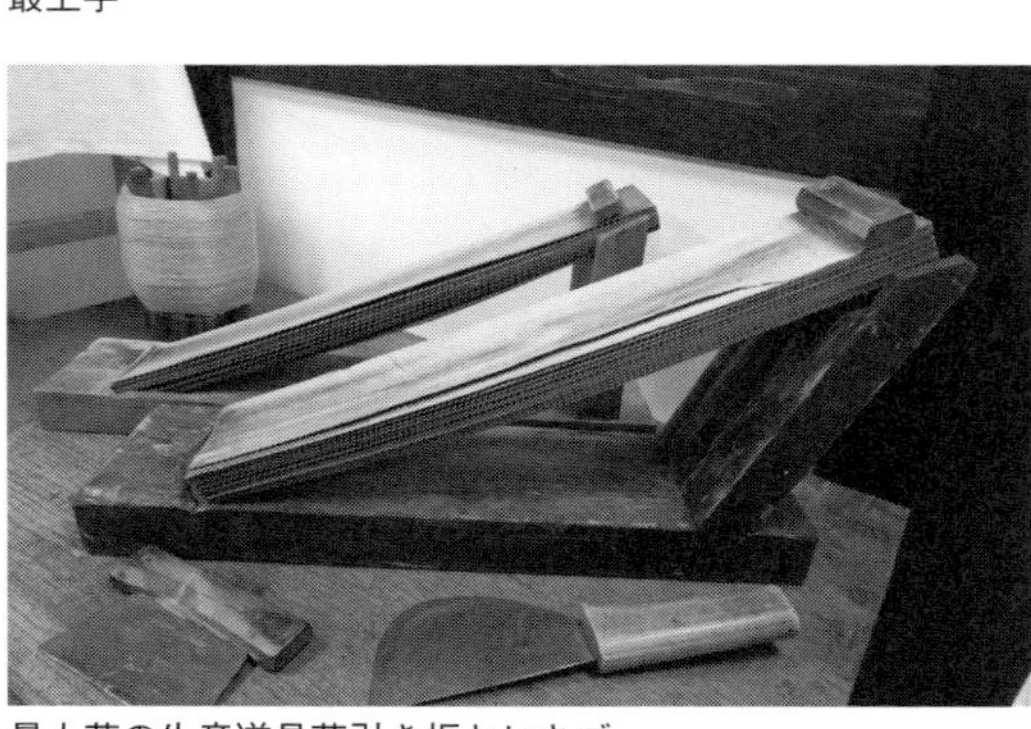
最上苧の生産道具苧引き板とヒキゴ

屋と土蔵を移築保存、歴史民俗資料館となり、そこにカラムシの生産道具類も保管・展示されている。

渡部史夫氏の「最上苧の生産と流通」によれば、最上苧といわれる村山郡の青苧の主産地は白鷹山東北部の山麓と、出羽丘陵東麓の宮宿・左沢・七軒・大谷・谷地方面であった。

高山法彦氏が執筆した「産物第一の青苧」（『大江町史』１９８４年刊）を見ると、写真の解説として「野生の青苧」「青苧はぎ」「青苧すき（引き）」、また「上」「中」「下苧」という品質規格も見える。

宮崎柳条氏が１８８１（明治14）年に出版した『広益農工全書』の内容を以下のように記載している。

「苧麻と麻と共に皮を剥いで糸に製し、通じて苧と称す。故に分って苧麻を真苧と云。岩代の若松、羽前最上の産、良品にしていわゆる青糸線苧なり。殊に影苧と名づくる絶品とす」といって最上産の青苧を「まがいそ」として良品に取り扱っている。「まがいそ」を「間替」とも書いている。

取引の仕切書に記載された青苧の銘柄「田代」「青七夕」「飛田代」「飛七夕」は七軒地区の生産地をさし、「本郷」「飛本郷」は本郷地区の生産であろうとする。

『大江町史地誌編』（１９８５年刊）を見ると、大江町内の月布川流域の貫見は湯殿山に至る三山行者の通過地で、行者宿も行なっている。江戸時代の記録では、旧暦5月末から7月25日頃まで、年間５００〜１０００人が泊まっている。この行者は会津からが最も多く、次いで白河、相馬、岩城などで隣接地域では米沢周辺の置賜衆が泊まったとする。この貫見でも青苧は栽培されている。

月布川上流の七軒地区の柳川（七夕畑・長畑・田ノ沢・矢引沢・徳沢・南又・道知畑・切留）の青苧は良質のもので知られ、栽培記述を紹介する。

春早く青苧畑を焼いて二番苧を育てる（春に自然と伸びたものを一番としているため、焼いてから再萌芽するものを二番としている。昭和村では焼いてから出るものが一番で、夏収穫後の再萌芽分秋収穫が二番苧という）。早く芽を出したものは成長が揃わず、またうっそうと茎を立てると、枝がつかず質が落ちるという(※枝が付くと質が落ちるの誤り)。それに対して二番苧は白くて質がよく、成長が揃っている。8月末から9月初めにかけて、花が咲き花が落ちる頃刈り取る。

普通は1戸で2～3畝歩に青苧を植えるが、多い人はその十倍くらいの面積に栽培することがある。だいたい1畝歩から1貫目の青苧がとれ、肥料はシモ肥が多く、そのほか菜種油粕も撒いたという。肥料をすると青苧がハケ(剥ぎのことと思われる)やすくなり、また艶がでる。

刈り取ったものは井戸につけておいてから、表皮を剥ぎ取る。皮を揃えて2～4本並べ、石の上に置いて棒で叩いてから糸を取ったが、後には板と金具を用いた。糸を取った残りはアクで煮て綿を取る。糸からはさまざまな織物をつくったが、労働着として用いられたサッパカマは、水切りがよく雪がつかない。蚊帳はあとまでつくられた。カタビラは二番苧の良質の糸で織られた。

表皮を剥ぎ取ったあと、裏っぱぎして撚りをかけ、畳の芯にした。残りのカラは干して屋根の下に葺いた。また井戸の中にカラを漬けてくさらし、付け木にもするなど、捨てるところなく利用していた。明治中期に柳川全域で青苧生産は220貫目であった。養蚕はその頃から盛んで、蚕種は自然ふ化によっていた。

青苧生産は、1904～05年頃には、屋敷の片隅に植えられている程度に衰微し、養蚕に代わった。

●新潟県の地苧

【新潟のカラムシ原料生産】

カラムシの原料生産、次いで上布の生産、縮の生産と、越後はいつでも本州のカラムシの中心地であった。近世には、地苧(じそ)が少なくなり、域外から購入することが多くなった。現在は県内各所でカラムシ栽培が小規模に復活され、学校教育などでの栽培体験が行なわれている。また食品加工のための青苧栽培も行なわれている。

現在、昭和村のカラムシ原麻の一部は新潟県の小千谷縮布の原料として納品されている。1955(昭和30)年に「越後上布・小千谷縮布の製作技術」が、国指定重要無形文化財の指定となる。1975(昭和50)年、通商産業大臣の「伝統的工芸品」の指定。2009(平成21)年「小千谷縮・越後上布」はユネスコ(国際連合教育科学文化機関)の無形文化遺産保護条約に基づき登録された。このカラムシ原料供給地として1991(平成3)年に「昭和村カラムシ生産技術保存協会」が国選定保存技術として認定された。

【商品流通に載るカラムシ生産】

永原慶二氏は『苧麻・絹・木綿の社会史』で、「江戸時代に入ると苧(カラムシ)や麻は、中世のように四季を通じて民衆の日常衣料ではなくなった。しかし夏の衣料としても、裃のような武家の礼服用としても、また蚊帳や各種の綱(麻)などのような生活用品の材料としても、苧も麻も依然として重要な用途に供されており、その需要もけっして小さいものではなかった。むしろ近世に入ると、中世的な自給型の生産に代わって、苧も麻も商品生産として新たに発展しはじめたということができる」と述べている。

中世後期では越後などが苧上布の主産地であり、各地で生産された青苧が奈良に送られて、糸績み、織布・晒加工が行なわれ、「奈良晒」として高い評価を受けだした。それに対して、近世に入ると、出羽の置賜地方(米沢が中心)や村山地方(山形が中心)の羽州苧、また会津苧などが台頭、越後はカラムシ原料生産(地苧)の代表的産地としての地位を低下させた。

越後の苧栽培や青苧・上布生産はこの頃、むしろ停滞したらしく、江戸時代に入ると縮布のような高級品生産が開始されるが、その原料は地元のものではなく、会津青苧や羽州青苧を用いるようになっていく。それは青苧生産と苧績み、織布の地域的社会的分業の成立ということであるが、なぜ越後の苧麻栽培・青苧生産が衰退したのか明確な理由は、これまで説明されていないようである。しかし、もともと越後の苧麻・青苧生産は自給生産を主とし、売り出される部分もこれと結合したものであって、栽培技術・青苧生産技術はかならずしも高いものとはいえなかったため、急速に商品生産的性格を強めて台頭してきた羽州や会津の苧・青苧生産に、技術的にも圧倒される結果になったのではないかと思われる。この点は今後検討しなくてはならない問題である。米沢藩や会津藩が、藩財政の観点から青苧奨励に力を入れていたことも、その重要な一要因であった。こうした苧麻・青苧産地の越後から羽州(置賜・村山)・会津へという推移は、その意味で苧麻生産の商品生産化の進展に対応するものといってよいだろう。

【近世カラムシ生産の商品ランク】

１８３７(天保８)年、鈴木牧之編『北越雪譜』では、「縮に用ふる紵は、奥州会津・出羽最上の産を用ふ。白縮はもっぱら会津を用ふ。なかんづく影紵というもの極品なり。また米沢の撰紵と称するも上品なり。越後の紵商人かの国々にいたりて紵をもとめて国に売る」として製品により原料を吟味している。

１９３５(昭和10)年、新潟県北魚沼郡小千谷町の西脇新次郎氏が４４５頁の大著『小千谷縮布史』を発刊する。これに「青苧の産地について」で次のように記載している。

縮布の原料青苧の栽培は現在福島・山形両県のみで行なわれ、当新潟県では全く致しません。福島県の産地は大沼郡野尻村、大芦村にして(会津領故会津苧と称す)此の地方にては畑苧、野苧に区別してあります。縮布の原料になる畑苧は即ち畑に栽培せるものなれども野苧は野生にて劣などなるが故に、もしこれが畑苧に若干混在せるを発見せば皆芟叙（せんじょ）いたします。

苧は左の3種に区別してあります。

親苧（おやそ）　刈り取りの際、4尺位に切り、之を3尺4～5寸に製苧。

影苧（かげそ）　2尺以上3尺以下に製苧せるものを云う。然して優良品は此の種の内にあります。

私苧（わたくしそ）　又は子供苧（こどもそ）と云う。2尺以下のものにて稀に見る最優良品は此の種の内にあります。

山形県米沢苧・最上苧の産地の内優良品の産地は、

大塚村　（米沢領）昔越後松之山大塚原より根分け移植せしが原なりと、然して原村名に因みたるものとの説あり。

屋代村　（米沢御預地）最良品とす。此の地は徳川直領（米沢御預り）なるが故に御領と呼ぶ。此の地に産するを以て御領苧と称します。

先著縮布考に会津、米沢、最上の3産地それぞれ、その苧色が違うように書きましたが、それは土地固有の色が一定してある意味でなく、夜干し又は蔭干しせし品と、日干しにせし品とによりて青味にも赤味にもなるものであります。故に3産地共青苧問屋の好みによりて如何様にも作り出されるものであります。

3産地の苧はその8割は小千谷商人の手に買収されたものであります。

以上が青苧を仕入れた機問屋でもあった西脇氏の認識である。

【越後地苧の生産と農家経営】

1971（昭和46）年に渡辺三省氏が『越後縮布の歴史と技術』で次のように述べている。「親苧、影苧、子供苧とし、発育が遅れ大人が処理していては間尺に合わない屑様のものは、子供に挽かせるので子供苧の名前がある。しかるに、品質が優れ、優良縮布に使うのは親苧より影苧であり、子供苧はさらに品質がよい。つまり人間でいえば栄養失調・発育不良のものほど、その繊維が繊細・柔軟で優良品である」

「樹芸記」は、1780（安永9）年の青苧生産高を、村山地方（最上苧）1000駄、置賜地方（米沢苧）500駄、会津地方70～80駄、越後地方70～80駄としている。米沢苧のなかで上質品を選別した「撰苧（えりそ）」の生産が始められたのは1711～1735年（正徳・享保）頃という。

上杉氏が越後から会津に来た際にカラムシ（青苧）が奨励されたと言われる書が多いが、3年の統治であり、否定されている。その後米沢に移封されるが、すでにカラムシ栽培は行なわれて

佐渡における繊維原料の植物分布

新潟県の佐渡にある相川高校の教諭だった佐藤利夫氏が作製した佐渡の「繊維原料の分布」地図が『佐渡・相川の織物』（相川郷土博物館編）に掲載されている。

島内では、カラムシ、チョマ、ブヤマソ、アカソ、ヤマソ、イラ、シナ、フジ、クスヤ、アサが利用されてきたことがわかる。原料自生地としているがアサは栽培と考えられる。

文化庁編『民俗資料選集3　紡織習俗Ⅰ』の中にも、「佐渡のヤマソ紡織習俗」として、佐渡の繊維植物についての記載がある。おそらくこれも佐藤利夫氏がまとめたものと思われる。

それによるとヤマソは、ヤマスとも呼ぶ。海岸段丘より少し山に入った山の斜面や沢あいに群生している。佐渡の「ヤマソ」は、中部地方でいうヤマソ＝カラムシとも異なり、山に自生しているアサの意味もあって、詳細には呼称と植物自体を見て判断するしかない。カラムシを植え付けた時代もあった。

クスヤと呼ぶものは、ヤブマオと思われるとしている。イラクサ（ミヤマイラクサ）をヤマイラと呼ぶ。判ずるに、佐渡のヤマソとは、アカソのことをいう場合が多いので、アカソ利用のことをいっているのではなかろうか。

水田開発に伴い、日常衣料の原料採取地が奥山に移動し、村境争いや入会山の論争が盛んに起きる。またヤマソ山にシナノキを植林し、その樹皮繊維を利用するシナ山（船用の綱・ロープ材料に利用）に転換していくなかでも争いが起きている。

シナ皮は、加賀苧綱・苧麻綱とともに、船用のロープとして商品価値が高まった。ヤマソは、織物の経糸として利用され、木綿布を裂いて緯糸とした裂き織りがつくられる。

稲刈りが終わった10月に、ヤマソ（アカソ）の葉が落ちないうちに、山に行き刈り取る。一日に刈る量はワラツゲ（すげ、結束）で束ねて4束で、タテ負いにして下ろした。ヤマソの茎を折らぬようにするため、タテ負いにした（大正年間の事例）。

ヤマソは、約5㎝ほどの小束に裏と元を結びなおして、陽が照って風の通るところで2〜3日干す。雨には当てない。関地区ではこれを細い藁縄で全体をぎりぎりしばって、その上から、納屋のジョウバ石の上でコヅチを使って叩く。そうすると茎と皮が離れて、皮がむきやすくなる。

戸中地区の場合は、石臼の上に3本の竹（ヒキギという）を、1本だけはヤマソを挟みやすいように少し短くして立て、そこへヤマソを挟んで、引っ張って上皮をむく。なお、まだホネ（幹）が上皮にくっついている場合はジョウバ石の上で、コヅチで軽く叩く。

佐渡の繊維原料の分布

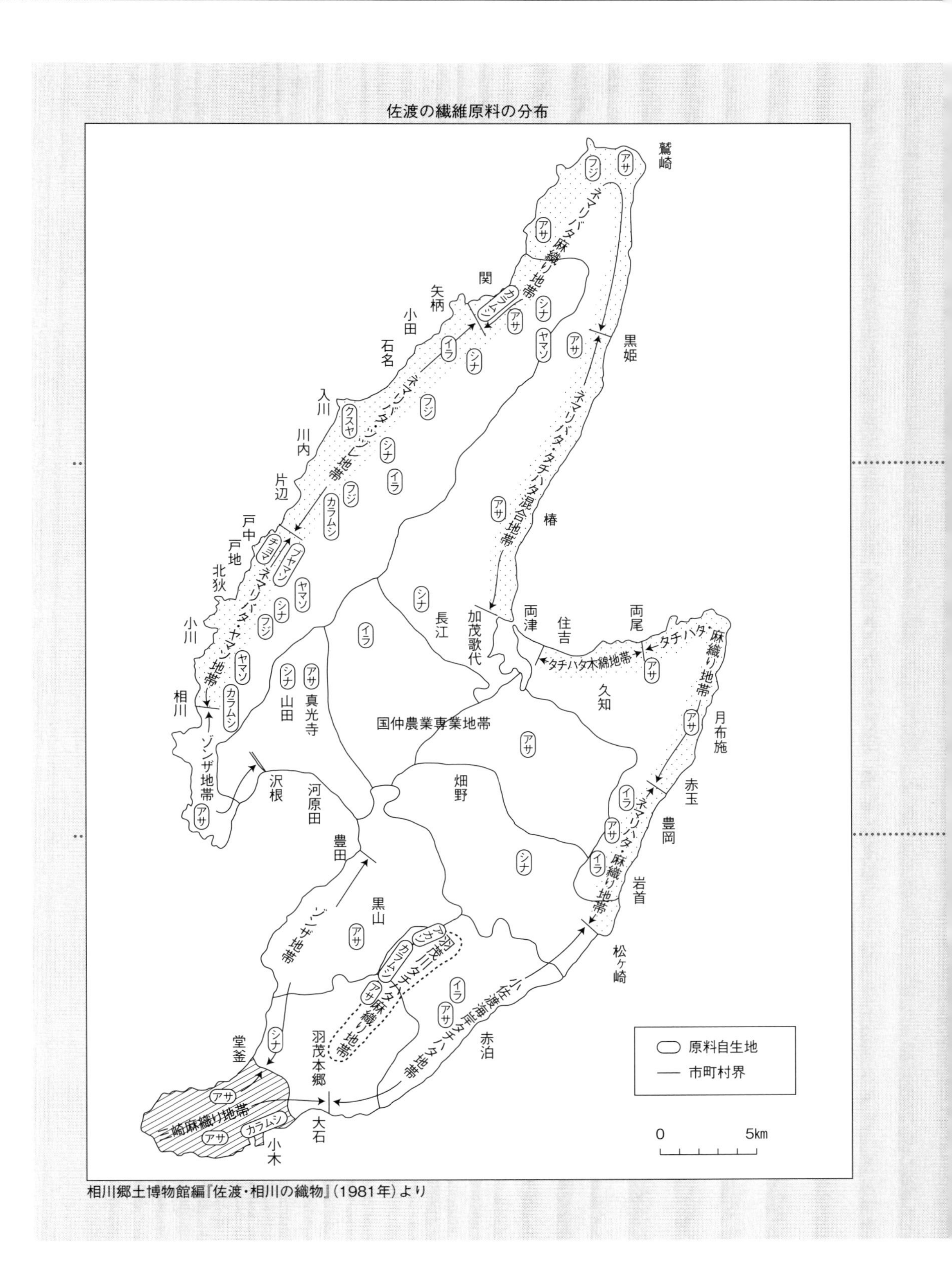

相川郷土博物館編『佐渡・相川の織物』（1981年）より

いた。現在判明する書面類からすると、越後での栽培が古く、次いで最上苧の地域が古くから栽培され、そこより米沢苧の産地形成が進んだ。会津苧の始まりは、保科正之の会津移封(１６４３年)の折に、最上苧の根を求めて、１６６９(寛文９)年に谷野又衛門が植えたことによる。その後、飯田兵左衛門により南山御蔵入地域にも導入され、産業として振興したと考えられる。

越後と羽州、会津の関係は以上のようであるが、越後(現在の新潟県)でのカラムシ生産については、杉本耕一氏が「越後縮の生産と地域社会―十日町市域の生産と流通―」(『日本海域歴史大系第５巻　近世篇Ⅱ』)で新潟県内の先行研究を整理している。

そのなかで児玉彰三郎氏は従来「問屋制家内工業」とされていた越後国内の縮生産を、「零細な家内工業」であると結論づけた点が、それまでの学説を大きく覆すものであった、とする。縮製織の労賃を計算し「縮布生産は、その要した手間賃を計算しては引き合わない、わずかの現金収入を得るための仕事であり、婦女らはお互いに技術を競って、まったく採算を度外視して丹誠を込めて織り上げるもの」と結論づけている。

杉本氏は児玉氏が立ち入らなかった十日町市域での労賃などを取り上げている。時期別に労役計算をして、児玉氏のいうような実態でなく利益があると反論している。１８４２(天保13)年の場合で、婦女の織の手間賃は、男子手間賃の2倍以上になり、熟練した織り手であればあるほど機織りに集中することにより多くの収入を得たとする。

１８００年の『績麻録』では縮布1反あたりに必要な原料の青苧は１５０匁で、価格は1貫50文。１５０匁の糸のうち40匁分を染めるが、その染め賃が１６０文、出来上がった縮を市に売り出す際の宿泊費を含む諸雑費を２００文とみている。上縮１反にかかる費用は1貫４１０文となる。労役日数は経糸の苧績みが70日、緯糸が40日、1反あたりの苧績みにかかる日数は計１１０日、機織りは機拵(はたこしら)えなどの準備作業も含めて15日となる。1反あたりの労役日数は１２５日。

上縮布の1反の売値は1両ほどであった。この頃の当地方の両替相場は1両が6貫２４０文であり、費用を差し引きすると4貫８３０文となる。労役日数で割ると、1日あたり39文。苧績みから機織りまでの工程を一人の婦女子だけで行なったとすると年間3反が限度で、寛政年間(１７８９～１８０１年)の縮製織の純益は2両と2貫10文。

機前からの縮が特定の経路に限定されていないこと、初市の時期を過ぎれば村には仲買人や江戸商人などが多数出入りし、「セリ」と思われるような取引をはじめ、多様な形での取引があった。縮布の原料である青苧の売買もさまざまな経路で行なわれているなど、少なくとも原料の買い入れから縮の販売まで、機前が特定の問屋や商人の支配を直接受けることはなかった点はもっと注目されてよいだろう、としている。

●わが家のカラムシとアサ（を）

【奥会津昭和村で生きるためのカラムシ栽培】

イラクサ科の多年草である「カラムシ」（苧、苧麻、青麻）と、アサ（麻、大麻）は昭和村内全域で栽培されてきた作物であった。いずれも古代から日本人が利用してきたものだ。

繊維を取り出し、乾燥させ原麻として売るか、裂いて糸に紡いで機に掛け布を織る。いずれも地味の肥えた上畑に植え付け、あるいは種蒔きをする。カラムシは5月半ばにコガヤ（カリヤス）をかけ畑を焼き、水で薄めた人糞尿を撒き灰を押さえ、堆肥を散らす。畑の周囲にボーガヤ（ススキ）で風よけの垣を結い、焼きで揃った新芽が一斉に伸長したものを7月半ばから8月にかけて収穫し繊維を取り出す。盛んに生産された時代は刈り取り後に生育してくる二番苧も収穫していた。

大芦のカラムシ畑（写真：小林政一、以下＊すべて）

カラムシ焼き＊

古文書などによれば近世から戦前にかけてはこれらの繊維の原料の一大生産地となっており、このカラムシとアサ（布、蚊帳地など）が商品作物として村人の暮らしを支えたのである。経糸にアサ、緯糸にカラムシという交織の布「カタヤマ」も織られ販売された。

【カラムシ畑に「ウセクチがたつ」とアサを蒔く】

新しい畑にカラムシを植え付けると5〜8年で根が混み、根は弱りウセクチがたち（欠株が多くなる、連作による障害と思われる。失せ朽ち、失せ口）、根を掘り上げ別な畑に植える。

畑のウセクチがたった穴状（パッチ）の空間に、アサを蒔き、カラムシとアサを同時に育て、ウセクチ側のカラムシが多く陽光を浴びることにより硬く太くなることを防いだ技術も、緊急的な対応として行なわれていた。

ウセクチのたったカラムシ畑では、その根を掘り起こし畑の外に持ち出し、アサの種が蒔かれ、しばらくの間はアサがつくられ、数年後地力が回復した頃にまたカラムシの根が植え込まれた。

アサを引き抜いた収穫後の畑には「オバタケナ(苧畑菜)」が蒔かれ秋遅く収穫していた。

こうして一枚の畑で「カラムシ↓アサ↓越冬野菜↓カラムシ↓アサ……」という循環・輪作で利用し、カラムシの育成中のものをも、うまく組み合わせることにより、限られた面積の畑から一定品質一定量の収穫を得て、永年収穫でき、産地の維持が可能となっていたのである。

アサとカラムシという異なる2種類の繊維作物をうまく取り込み、支え合った。アサがあったからカラムシの栽培が続いた。その売り方にしても、繊維原料で出荷するカラムシと、布に加工し製品化したアサという具合に使い分けたのである。しかし経済状況の大きな変化、化学繊維の台頭から産地はしぼみ続けてきたのである。

アサは、夏の終わりに畑から幹を引き抜き収穫したあとに乾燥させ、秋に水に戻し、または専用の釜で蒸かしてから皮を剥いだ。これは冬に裂き糸を製し、春に機に掛け誰もが布を織った。麻布は袢地か、蚊帳地などの原料として売るか、自家用の衣料、もち米を蒸かすときに敷き使う「スキンノウ(敷布)」となった。

また原麻は手引きろくろの紐として重宝だったため、木地挽き(木地屋)の手にも渡った。昭和村では近世から近代にかけて、アサの大産地を取り囲むように木地挽きが山中で会津漆器となる椀の荒型を生産していたのである。

アサ糸を経糸に、カラムシを緯糸にして織りあげた布は「カタヤマ」といって袢の原料、またカラムシの横糸に撚りをかけないヒラヨコという糸を持って織ったものを仕立てては葬儀などのカブリカタビラ(被り帷子)とした。

カラムシの収穫は男が、カラムシ引きは女が、糸と織りも女が行なった。

冬に男が山に猟に出かければ、女は家で原麻から糸を取り出し繋ぐオウミ(麻績み、苧績み)が延々と続けられた。

会津一帯でもこのような繊維作物の栽培は続けられていた。近現代に入りカラムシの栽培は姿を次々と消し、昭和村では残ったのである。否、カラムシを残したのである。大芦地区では「カラムシだけは無くすんなよ」と世代を超えて遺言されたというから、「なくさないぞ」という決意で、それをかたくなに守った。

カラムシツムギ*

カラムシ引き*

奥会津にこのような繊維作物が普及した理由は、栽培に適していたという半面、高標高地で米作が不安定で収量が低く、換金できるような作物が他になかったからではなかったのか、とも考えられる。

雪が深いことが宿根性のカラムシの根を護ったに違いない。その雪のために果樹やウルシ、桐なども少なかったのか、それともカラムシやアサが植えられた畑を守るために相性の悪い樹木を畑に入れなかったか、とも考えられる。

また、偶然なのか奥会津から只見川下流にかけて、桐の木を植えた地帯は、大沼郡金山町の沼沢火山噴出物の堆積層上に営まれている。昭和村、とくにカラムシ・アサの産地大芦・小野川は、その噴出物による堆積層が見られず、こうした土壌の違いも指摘できよう。

【わが家のカラムシ栽培】

私のトショバア(年寄り婆さん、曽祖母)は名をトメ(1883~1971)といい、カラムシの本場である大芦から15~16歳のときに大岐に嫁いできた。村のカミ(上流)の高畠のノサラシ畑にあるカラムシ畑から収穫したカラムシは、家に持ち帰られる。私の子供の頃の記憶では、カラムシ引きは記憶にない。昭和33年頃に止めているからである。

祖母のトシ(1909~1999)はアサ(を、と言った)を引いていた。陰干しした繊維(原麻)で売った。また布を織って売った。

カラムシとともにアサも栽培しており、アサの原麻の繊維を裂き繋ぎ、トメとトシが麻績みをして、トシが春に機に掛け布に織りあげたものを売った。曽祖母トメはいつものようにオウミをして、昼寝に部屋に戻り脳溢血で倒れ3日後に87歳で死去した。曽祖母トメとともにわが家のカラムシ栽培は幕を閉じた。

1978年、会津工業高校を卒業して地元の農協の臨時職員として働きだした私は、野尻和久平の縄文遺跡破壊に異議をとなえ、当時の公民館長であった菅家長平氏から「それではキミも文化財保護の活動に手を貸してくれないか」と、村文化財保護審議会の委員に任命された。その後は、村が進める博士山(はくしやま)リゾート開発に反対する運動を始めたことにより解任されるまでの10年間を、委員を務めることになった。

そして大芦の農民絵師皆川伝三郎氏と出会う。村内の石仏調査などのあと、1982年からは、皆川氏ら大芦の方々が収集し、廃校となった大芦小学校に保管していた膨大な民具のなかから、カラムシ栽培に関する民具をリストアップする作業にとりかかった。皆川氏の強い要請により村の教育委員会により作業は進められることとなった。１９８１年2月に農協を辞め、1年間日本青年奉仕協会のボランティア活動に参加、会津若松の医学資料館で縄文時代・弥生時代の遺跡の発掘調査などの体験を終え、農業を始めた年である。農作業の合間に大芦に通った。

隣村の南郷村教育委員会がすでにアサの栽培用具で県の文化財指定を受けていたため、安藤紫香(正教)先生の助言を得てから、私は大芦の年配の皆さんから民具名称を教えていただきながら、1点ずつ写真を撮り計測(栗城英夫氏が担当)し、台帳を作成した。

こうして昭和村教育委員会により申請され、これが福島県指定重要有形民俗文化財『昭和村のカラムシ生産用具とその製品３７１点』となった。カラムシを栽培し布に織る道具たちと、それを守る大芦の人々と私の出会いであった。

カラムシとアサの栽培から布に織りあげるまでを記録する作業が１９８６年の雪解けの季節から始まった。「カラムシ栽培は企業秘密である」からと、村役場より撮影中止命令などが出されたりしたが、民族文化映像研究所による自主制作『からむしと麻』という映画は１９８８年に完成する。カラムシの生産は大芦の五十嵐初喜・スイ子さん、アサについては大岐のわが家の仕事を一部始終撮影した(アサ栽培最後の年)。

その後もしばらく、祖母トシは、オウミを続けたが、脳梗塞で倒れ入院したため、父母もアサの栽培を止めた。

映画の撮影が始まった翌年、姫田忠義氏の強い勧めによって私たちはトヨタ財団の研究コンクールに応募、１９８９年までカラムシを栽培しながら研究を行なった。姫田氏はカラムシとアサという異なる2種類の繊維植物を栽培し続けた意味にこだわり、私たちは叱咤激励された。

世の中の人々や研究者が、それまでカラムシだけしか注視せず、その保護だけを考えてきたが、カラムシの陰に隠れて見えなかったアサがじつは、カラムシ生産を支えていたという重要な点を、その後の栽培体験と研究によって気づかされるのである。

生存と植物繊維

●生存のための植物繊維―残留日本兵・横井庄一と植物繊維

私は夏秋期に宿根カスミソウを栽培する専業農家であり、これまで地域の基層文化を調べてきた。明治維新となる年に、わが村も戦場となった。その際、駐屯した明治政府軍であった尾張藩が、村内両原地区の八幡神社に奉納したハタ(幡)の調査のため、2013(平成25)年の11月15日、愛知県名古屋市内の図書館・博物館などで調査をした。この名古屋博物館で横井庄一さんがグアム島の山中で一人生活していた当時、パゴ(pagu、ハイビスカス)の樹木の繊維を使用して製作した布、服の実物を偶然にも、ショーケースの中に発見した。「植物から繊維を取り出す」という意味が、たいへん感じられる糸、布であった。

横井庄一さんの帰還は、私が小学6年生のときであり、ここに展示されていたのは、私が当時テレビニュースで見た服だった。そして、それを織ったという手製の機織り機(復元)も見た。人が生きるうえで、糸、布、衣料の持つ意味とは何か。身のまわりの植物から繊維を取り出す、それをつなぎ、糸にして、布に織るという行為は何を意味するか。グアム島で生きぬいた横井さんにとって、この行為は人生そのものであったことがわかった。展示を見た後1カ月間に、グアム島で横井さんの暮らしについて詳しく調べた。島での横井さんの織布の様子を知ることは、植物繊維の持つ社会的な意味、歴史的な意味を考えるうえで、とても大切なことになろうと直感したからである。

1972(昭和47)年1月24日、元日本兵の横井庄一さん(1915(大正4)年生まれ)が、日本列島の南方の米領のグアム島で発見され、2月2日に帰国した。この2年後の3月10日には、同じく日本兵の小野田寛郎さん(1922(大正11)年生まれ)がフィリピンのルバング島より救出され12日に帰国している。1945年の終戦から27～29年もの間、お二人の戦争は続いていた。

当時、横井さんのことはマスコミで何度も取り上げられ、一躍有名人となった。あれから40年の時が経過している。

2013(平成25)年12月5日、私は横井さんが28年間暮らしていたグアム島を訪問した。12月6日、着島2日目は、左ハンドルのレンタカー(フォード)を借りて、島内南部を一周した。右車線通行や、独特の左折(中央帯を利用)があり、緊張して運転した。島内南部の高原地帯、尾根には樹木がほとんどなく、ススキの草原で谷間を見ると森林がある。風などのさまざまな要因による植生なのだろう。ススキは日本ではカヤ(茅、萱)というが、マリアナ諸島ではスオードグラスと呼ぶ。横井さんたちは島民たちに見つからないようカヤのなかに隠れた、と言っている。横井さんの暮らした場所を遠望して帰国した。

その後、12月22日に愛知県名古屋市中川区富田町の横井庄一記念館を訪ね、奥様の美保子さん（1927（昭和2年）生まれ）にお会いした。

手製の機織り機に向かう横井さんの白黒写真のパネルが掲示され、機織り機や遺品、作陶した晩年の作品が展示されていた。奥様は手記のなかで横井庄一さんとの出会いについて次のように記している。

木の皮の繊維で織られたという布の、なんと布目の細かいことか。洋服作りにかけてはプロである横井の、穴かがりのなんと見事なことか。敵の目を逃れ、電気もない真っ暗な狭い穴の中で、音をたてぬようにハタ織機を作り、木の糸で布を織った。その執念のような作業を思ってわたしの心は震えが止まらなかった。横井の洋服が丹念に作られてあればあるほど、グアム島での、横井の人間としての悲しみ、嘆き、苦しみが伝わってくるようで、わたしはただ呆然とそこに立ちつくした。

（横井美保子『鎮魂の旅路』ホルス出版）

発見時に書かれた資料から当時の様子を少し紹介したい。以下は、朝日新聞特派記者団『グアムに生きた二十八年　横井庄一さんの記録』（朝日新聞社刊）からの引用である。朝日新聞記者団の森本哲郎、岩垂弘、青木公、江森陽弘、戸田鴻により取材・執筆されたものである。（　）は筆者の注記。

昭和47年1月24日、グアム島で横井庄一さんが発見され、25日の昼頃と、夕方に日本からの記者団が到着。その日の夜、午後10時すぎに、タモン・ビーチのグアム第一ホテルで会見が行なわれた。その際、グアム警察の係員が横井さんの生活用具を陳列した。

「私の目を奪ったのは、洋服である。麻袋でつくったような茶色の服。だが、麻袋よりは太い繊維で織ってあるようにみえる。いったい何の糸で、どのようにして織ったものだろうか。そればかりではない。ちゃんとボタンもついているではないか。それに、ラグビーのボールのような形に巻いたロープ。全く目を見張らせるような見事な縄だ。何を材料に、どのようにしてな（綯）ったものだろうか」と取材記者は感想を書いている。

会見の質疑で「洋服三着をボクシの木の皮でつくった。針は真ちゅうをたたいてのばし、キリで穴をあけた。糸もボクシという木の皮。ヤシの皮のロープは火縄、火をつけて保存する」と横井さんは応えている。パゴの樹皮（ハイビスカス類）である。

26日の記者会見では、「世の中（日本）がすっかり変わった」といい、「どこが変わったか？」と記者団に聞かれると「ま、みなさ

ょで、これだけ世の中の文化が変わったとは想像していなかった」「兵隊にとられるまで洋服職人だっただけあって、すぐ洋服に目がいくらしい。なるほど、そういわれれば、われわれ記者たちの洋服は、アロハあり、開襟シャツあり、ポロシャツ姿ありだ」と続く。

この2日目の記者会見の終わりに、横井さんはこう語る。

「戦争なんてやるもんじゃないですよ。平和がいいですよ。日本にはいまでは軍隊もないんでしょう」

「記者団のなかからは声がない。〝軍隊〟のない現在の日本を、横井さんがどうして知っているのかはともかくとして、(自衛隊が存在する)その日本の現状をどう説明したらよいのか、この席に連なる記者のだれもが、心のなかで自問していた」

横井庄一さんは愛知県海部郡佐織村(現・愛西市)で生まれた。母親の、つるさんは離婚して実家に戻る。家に織物の機械が1台あり、畑をたがやすと、休む間もなく糸を巻く。幼なじみだった人が語る。

「学校から帰ると、庄一は、みんなのように遊ばなかったよ。そう、道草なんかしなかった。まっすぐ家に帰って、糸巻きの手伝いをするんだ。日曜日、みんなが両親に連れられて遊びに行くのを、庄一さは見ていたはず。しかし母親にねだったりしないで、内職の手伝いをしていた」

「横井さんの穴ぐらからグアム警察本部に運ばれた生活用品の数々は、見るものをしてそう思わせるほど実に見事なものだ。なかでもいちばん目を見はらされるのは、三着の洋服である。発見されたときに身につけていた半袖、半ズボンのほかに、横井さんはもう二組の長袖、長ズボンの洋服を持っていた。(略)〝生活の知恵〟などというようななまやさしい言葉ではいいあらわせない苦労を思い知らされる。横井さんにおいては、生活用品を作ること、そして使うことが、そのまま、生きるというただそれだけの目的に収縮されていたのだ」

「『恐怖』が彼の生きる支柱になったとは考えられない。おそらく――と私たちは話しあった。それは横井さんが身につけていたおどろくべき生活技術そのものだったのではなかろうか、と。グアム警察署本部で公開された彼の生活用具を見たときに、それをはっきりと実感できた。そこに並べられた道具類は、芸術品に近かった。

横井さんはいっている。日中は作業をやり、夕暮れに食糧さがしに出かけ、夜は穴のなかで眠った、と。二十数年間、まったく同じような状況のなかで、彼の生きようとする意思をささえたのは、おそらくその「日中の作業」だったのではあるまいか。汗と油で黒光りしている三着の〝洋服〟が、はっきりとそれを語っているように思われた。いずれもパゴの木の内皮をたたいて繊維にし、針金か竹グシで編んだもので、一見、南京袋のように見えるが、手にとってよく見ると、ポケットはもとより、五つボタンのひとつひとつの穴がたんねんにかがれており、ズボンのすその部分には、なんとコハゼが四つもしつらえてあるのだ。テーラー（洋服屋）だった横井さんが、このような洋服づくりをただひとつの生きがいにしていたであろうことは、十分に想像できるのである。

洋服だけではない。水筒を半分に切ってつくったフライパンやサラ、針金で見事につくりあげたネズミとり、竹を編んでこしらえたエビをとるためのウケ、ココナツの繊維でよりあげた縄、どれを取ってもそこに彼の生きようとする意思がにじみ出ていないものはない。これらの道具類は、彼の生理的な必需品であったとともに、精神的な必需品でもあった。その二重の意味で、この道具が彼をささえたのである」

植物繊維と水への疑問、編みと織りの問題をどう横井さんは解決したのか。そのひとつの回答は、本人の最初の手記である、『明日への道』（文藝春秋刊）のなかの南島での山での体験にある。植物繊維の耐久性、着心地など、20数年のなかでの経験はたいへん示唆に富む内容である。その作業手順を箇条書きして紹介する。

【横井式パゴ繊維の活用法】

横井さんは島内に自生しているパゴ（ハイビスカス、paguとも）の木の繊維を取りだしている。

①パゴの木の皮をスウッ、スウッと頭の方から下の方へむかってはぐと綺麗にむけるので、夜の月あかりで一枚一枚はがして、明け方、川の水につけてぬるぬるを洗い、そしてそれを乾燥させ、それで被服の修理をすることにしました。

②木の枝に吊しておいた私の持ち物は、スコール（雨）のせいか夜露のせいか湿気を通してしまっていて、主として着替えの衣類は全部腐ってしまいました。志知の袋はズック、中畠のはゴムの袋でしたから異状がなく、パゴの（手製の）網袋に包んでいた私だけが着替えを失い、ぼろぼろになった一張羅の衣類のつぎはぎの必要に迫られることになってしまったわけです。いくら昔、洋服の仕立屋でも材料がなくてはお手上げです（志知・中畠・二瓶は当時一緒にいた戦友で帰還できず亡くなる）。

③そこで一番最初に考えたのは、飛行場で（土運びのための）モッコを作った要領でパゴの繊維をな（綯）って目の粗い布を編むことでした。竹で編み棒を作り、編み物ぐらいは見よう見真似で知っていましたから、素早く作って着用してみると、パゴは毛糸と違って伸び縮みがきかないので、体が締めつけられ肩がこって、とても使用できません。

④次に、魚取りの網みたいにしてできるだけ網の目を細かに作って着てみました。これは恰好はちょうど昔の身軽な忍者の

ようですが、やはり、体が締めつけられて身動きがならず、だめでした。

⑤この網の編み方は、前に二瓶が拾って持ち歩いていたハンモックを、いつだったかほどいて紐に使ったことがあり、そのほどいたときの記憶を逆に応用したのでした。

⑥あれこれ失敗した後、いよいよ必要に迫られて本格的な布作りを考えはじめました。子供の頃、家に足ぶみのハタ織り道具があり(高機と思われる)、母親が夜なべに、カタンコロン、カタンコロン、シュッシュッシュッ（横糸のヒを通す音）と布地を織っていた薄らとした記憶から、足ぶみ機などとても考えつきませんが、一応道理は分かっていたので、まず幅20センチ、丈30センチほどの四角な枠組みをくみ、パゴの皮をめくると現れる白い繊維、これはいくらでも薄くむけるのですが、それを虫くいのある表皮に近い部分は除いて、きれいなところのみを何枚にもむいて適当な幅に切り、さらに糸をなって、枠の上から下へ、つまり縦糸として張りつめ、一方では横糸を縦糸の一本置きに上手に通してゆけるようなあぐりをこしらえました。そして横糸を通すごとに竹べらで手元へキュッキュッと引き寄せます。引き寄せるのに相当力を入れなければならないので、木枠の先の方は木の幹に押しつけ、一方は自分の腹で押すようにして両方から支えます。

しかしその間に枠がゆがんだり、一応切り込みをつけてさらに釘打ちして四隅を留めてみても、いざ作業を始めるとキキッキキッと高い音をたてるので、敵に気づかれはしないかと心配で、今度は気が散って仕方ありません。そういう失敗をいろいろなめたあと、木枠の四隅をさらにロープできつく縛ってみるとゆがみも音もなくなり、ようやくほっとしました。

⑦糸づくりも初めの頃は、生木からはいだ薄皮ですぐに糸に撚りましたが、それだとアクがあるとみえて、着てから汗をかくと糊みたいになって、体にべたべた貼りついてきます。

そこで次に、はいだ一枚一枚の薄皮を2日間も水にさらしてアク抜きしてみました。しかしそれでこしらえても、やはりまだアクが出て、雨にでも遭うと体がぬるぬるするし、それに、やはりアクのせいかすぐに目が粗くなって穴があきやすくて困りました。でも当時は、当座しのぎだと思って、始終つぎはぎして間に合わせていました。

それから10年も経ってからですが、糸を撚るのに普通の糸のようにしっかり撚ると、かえってまずいことに気づき、繊維を大まかに、撚りを加えるようにした糸で織っていくと、それまでの難点が解消するのを発見し、以後は枠ももう少し大きなものにし、本格的な繊維生産に入っていくことができました。

軍隊から支給された服は2、3年しか保ちませんから、我々は衣服には本当に苦労しました。初めは衣類の修理材料に、毒ガマ（カエル）の皮をたき火の灰の中へ1週間位つけておき、そ

パゴから糸をつくる、薬莢から針をつくる

『復刻版　横井庄一のサバイバル極意書』(小学館「BE-PAL」2012年10月号付録)より　イラスト／遠藤ケイ

れを天日で乾かして、上衣やズボンの穴あてに使いました。どうにも修理の方法がなくなって、パゴの繊維で洋服作りをはじめたのは昭和25年頃からです。

⑧洋服作りを簡単に説明しておきますと、上衣1着作るのに大き目なタオル程度の布が、表側に4枚、背中に2枚、両袖に4枚、襟が裏表で2枚、前に襟1枚、それに肩当てに1枚、合計14～15枚を必要とし、一生懸命に根をつめて織れば1カ月位で作れます。しかし実際にはその間、食糧探しや炊事作業で時間を取りますので、仕上がるのには3カ月も4カ月もかかりました。

パゴの木を切って繊維を作るのに1カ月位、それを織り上げて布にするのに3、4カ月、そしてそれを縫って洋服の上下に仕立て上げるのに1カ月と、大変な苦労の連続でしたが、一面、物を作って仕上げるという充実した喜びが味わえました。

横井式の機織り機

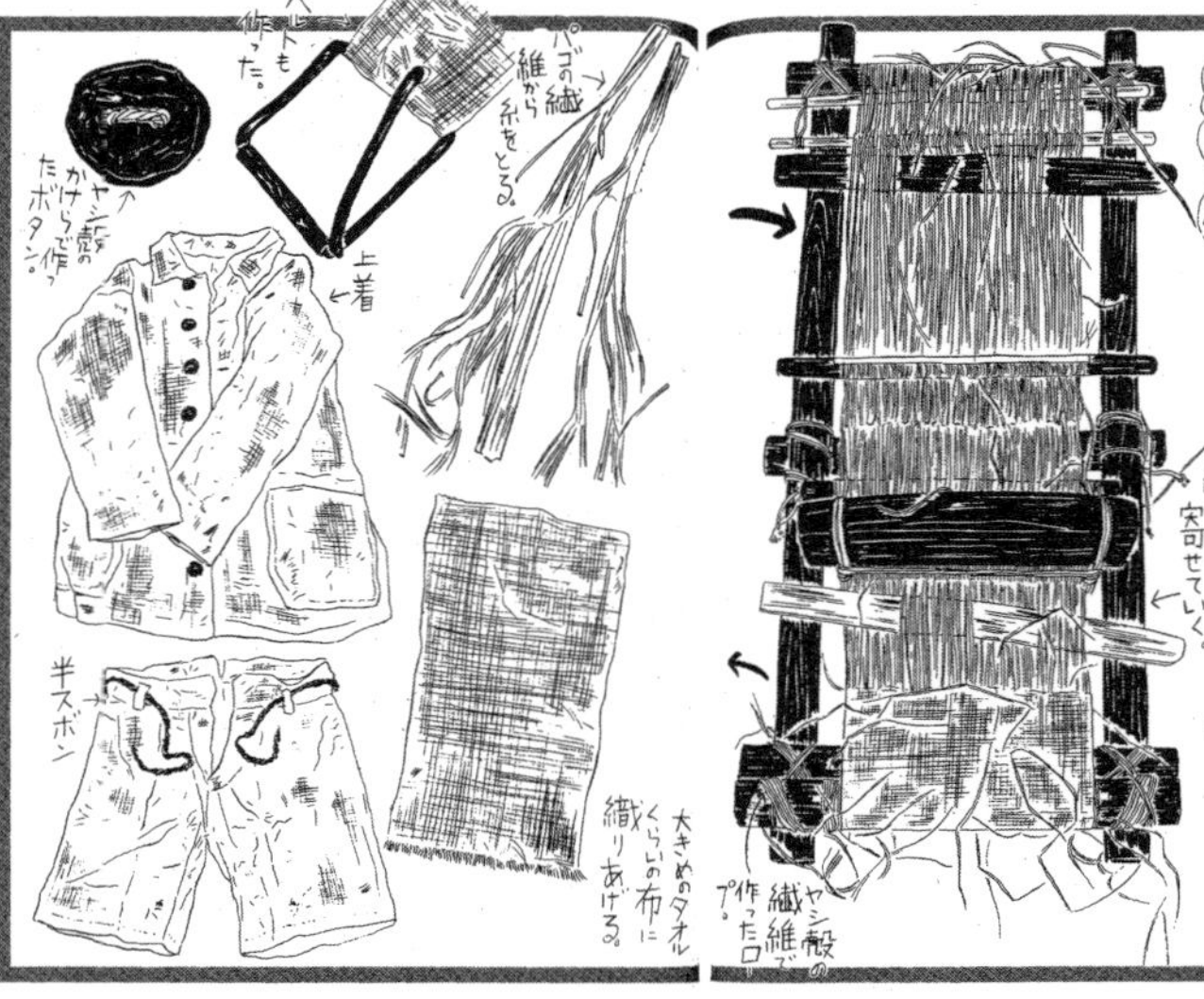

『復刻版　横井庄一のサバイバル極意書』(小学館「BE-PAL」2012年10月号付録)より　イラスト／遠藤ケイ

パゴ繊維の耐久性、着心地、繊維の水さらしの意味など、人が生存していくうえでの植物繊維利用の実際の事例として、たいへん興味深い内容である。

カラムシの民俗

●カラムシなどをめぐる昔話・禁忌

【アサ(を)昔話とからむし】

昭和村では、日本列島の各地と同じく、を(アサ)が身近にあった。昭和村野尻中向の小林政一さんが記録した昭和村の昔話に、を(アサ)績みの話が出てくる。村内佐倉の酒井徳松翁(1890(明治23)年生まれ)が語った話だ(稲田浩二・小澤俊夫編『日本昔話通観』、第7巻福島、1985年、同朋舎出版)。類話は福島県内に28ある。

モチーフ構成は次の点にある。

①毎晩、麻績みが来て話をする家の婆が、麻屑で機(布)を一反つくり、爺はそれを宮下に売りに行く。途中、六地蔵様の金氷を払い、笠をかぶせてやり、買った米を持ち家に帰る。

②爺と婆が寝ていると、六郎兵衛と呼ぶ声と、こうわだあが宝だあ、という声がだんだん近くなる。二人が恐ろしく思って戸を閉めて寝ていると、何か置いていく音がする。

③三番鶏の声で起きてみると長持があり、宝と着物が入っており、爺婆はその宝で幸せに暮らす。

④神仏を粗末にしてはならない。

地蔵様むかし

むかし、じいと　ばあが　いやったじゅうだなあ。

そこの家さは　毎晩　麻績み(をうみ)たちが、五～六人来て、様々の話しを聞ぎ過ごしていく。

とごろで、ばあ様は、毎晩、麻績み子ら等の来る、麻(を)くさなみ　じゅう屑(繊維のくず)ひよって(拾って)、三年三月九十九日かがって機(はた、布)を一反こしえた(作った)。

「じい様、じい様　まあ機(はた、ここでは布)できだがら、いっぺん宮下(隣町の三島町宮下)さ行って来てくんつえ」

「そおがあ　ばあ様、そんじゃあ　俺行って来っかあ」

すいがあ(それから)、その明日、じい様は用意して、ずうっと八町(金山町はちまち)を越えで、八町の下さ行ってみだれば六地蔵様いやった(いた)。

そごさ行ったら、六地蔵様、おどげえ(あご)さ　金氷(かなこおり、つらら)を下げでいやった。

「地蔵様、地蔵様、寒むがべい」

コウシキベラを持ってまあず金氷を払って、早坂(はやさか峠)上って太郎布(たらぶ)を越えて宮下さ行って、宮下の一松茶屋さ行って米を買って、笠を六回(個)かぶって買ってがら、だんだんもどって来て、笠をかぶって来たがら、地蔵様にかぶせで、すいがら家さ来やったわけだ。

「ばあ、ばあ、今来た」
「ああいまが、じい様、なんぼう寒むがったべえ、まず家さ寄って（火に）あたいやれ」
「ばあ、こうだ　いい米、買って来たあぞお」
「そうがそうが、そんじゃ今夜は、おけい（おかゆ）でも炊いて食うべ」
　ばあ様、米といで　用意して二人して　おけいを食いやった。
　まだ　ばあ様は麻績む。
「ああ　くたびっちゃ（疲れた）」
　どって　じい様は横座で背中炙りして　寝でやったじゅう。
　そうしっと言うど、ばあ様、麻績みしたれば下の方で何が音して耳をたでやった。
　たいした　ずねい（大きな）音がしる（する）。
「六郎兵衛、六郎兵衛」
　じゅう　音がしる。そうしてだんだん聞いでっと、
　　こうわだあが宝だあ
　　六郎兵衛の宝だあ
　　からこのずんでご
　　よいやさあ
　　野沢街道でんこの棒
　　ぎんだらいっぱいもったてろ
　はあ、ばあ様聞ぎつけで、
「じい様、じい様、たいへんだぞお」
「なんだあ」
「下の方で　たいした音がしる」
「夢でも　見でんねいがあ」
　じい様も　目さまして聞いでみだらば
　　こおわだあが宝だあ
　　六郎兵衛の宝だあ
　　ここはちっとお　小坂だあ
　　よいさあ　よいさあ
　じゅう（という）音がしる。
　じい様　なんだべど思って聞いではま　よっぽどこっち来た音がしる。
「さあ　そんじえは大変だあ、何者だがわがんねえ、早く火　いげで（灰を掛け火を埋め）、寝べいでねいが」
　そうでくっというどはあまだ、
　　こおわだあが宝だあ
　　六郎兵衛の宝だあ
　　よいさあ　よいさあ
「長坂まで来たあぞ　じい様」
　じいどばあは、そこそこに火をいげで、部屋さ引っ込んで

戸をぴちっと閉めで寝やったあ。そうしっというど、

「六郎兵衛、六郎兵衛、六郎兵衛」

じい様ど　ばあ様はあ　しーんとして寝でやった。

「なんだあ　じい様　くたびっちゃあだべがら　家前さ置いでぐべえではねえがあ」

すいがら(それから)、ごやごや　ごやごやど音がしる。

さあ大変だ。じいとばあは寝でで何事おぎだがど思って聞ったあ。

「早く夜が明ければいい」

ど、思っていっと、一番鶏が鳴ぐ、だんだん二番鶏が鳴ぐ、三番鶏が鳴いで白々明るくなったあ。

「まあ　ばあ　起ぎでみろ」

「俺　やんだあ(いやだ)　じい様起ぎでみやれ」

じい様がそおっと戸を開げでみっというど、なんだが長持(ながもち、箱)みだいなががある。そうこうしているうちに夜が明げでまあずよっく見だら、たいした立派な長持があっちゅう。

二人で長持開げでみっとゆうど、中には宝物いっぱい、着物や、穴あき銭やら、

「これは　たいした　子等の着物だあ」

じいどばあは我は着ねえで　くれでしまいやんだあ(贈った)。

そうして、じいどばあは地蔵様の宝物で、まず万福(まんぷく)に暮らしたあじゅうわけだ。

そおだがら、神・仏をそまつにしてはなんねいじゅうごどで。

こんじぇえ(これで)、ひとつ、栄え申した。


これは、夜に集まって「を績み(アサ績み)」をしている様子がよくわかる。を績みでは糸くずが出る。大岐の私の祖母トシらは「オクサビ」と呼んでいたが、この昔話では「をくさなみ」(からむし工芸博物館学芸員の大久保裕美は繊維のくずを「オクサナビ」としている)と言っている。

そのくずを集めて、3年以上かけて糸をつくり布を1反織る。そして隣町の商店街地である宮下に行き、織った布と、米や笠と交換してくる。笠は地蔵にかぶせてやる。


【苧屑(おくそ)の活用】


モノを大切にした時代のことで、からむしの繊維のくずの扱いについて実際に新潟県内の機織り産地で、多田滋氏が1986(昭和61)年に次のような話を採録している。

新潟県十日町市二ツ屋　俵山コマさん(1896(明治29)年に十日町市大石で生誕)の語りとして「縮(ちぢみ)以外への苧(からむし)の利用」を掲載している。次に紹介する。

苧(おう)績みは、細く裂(さ)いた苧の元の部分を、もう一本の苧の先端

の細い部分に指先で撚りつける、単調な作業の繰り返しである。長くながく繋がれてゆくウミソ(績苧)の太さを一定に保つため、元の部分は、一々前歯でクッツナゴク(噛み削る)必要がある。こうして、口中にはごく微量の苧屑が残される。時々オブケ(苧桶)のカケゴの中へ吐き出すが、直径2㎜前後のこの苧屑の玉のことをオクスナベリという。

　これを捨てないで何年分もためていくと、塵も積もって山となる。

　昔の人々はネツイ(つましい)ので、これを木綿わたの代用品にした。

　まず、灰汁(あく)で長時間煮て柔らかくしてから、サイヅチを使って、扁平な石の上で気長に叩く。水は掛けない。オクスナベリは、次第に打ち和らげられて、一続きの真綿のような、平べったいものになる。これをよく乾燥させると出来上がりで、ウチワタと呼んだ。

　このウチワタは、重たいし、およそノクトイ(暖かい)代物ではないので、混ぜ物なしのウチワタゾッキ(だけ)で使うわけにはいかない。木綿わたの間に少々挟み込んで、その補いとしたのである。

　冬の綿入れ類の中で、つぎはぎを重ねたブイトーというぼろの長着の上に主に男性が着る短いものを、ヤマノコと呼んだが、ウチワタは、その背中の部分に加えられた。

また、コタツブトンの中にも入れられた。火が強すぎて焦げることがあっても、木綿わたと違って切れなくてよいとしたものである。

　ウチワタは苧績みの直接の副産物だが、ほかに苧の屑は、細いオナワ(苧縄)に綯って、細々とした用途に多用していた。藁縄では丈夫さが足りないところには、すべてオナワが使われた。女性が髪を束ねるのもオナワであった。前髪には元結いを用いたが、髱は必ずオナワで絞り付け、次に鬢を縛った。臍の緒も、オナワでしっかりと縛ってから切ることになっていた。

【岐阜県内のミヤマイラクサ等の伝承】

岐阜県内で、脇田雅彦氏・節子氏はていねいに植物繊維素材の伝承を探っている。ここでいうイラクサとはカラムシではなく、ミヤマイラクサである。(　)は筆者が適宜補った部分である。1890(明治23)年から明治期に生まれた人たちに聞いている。

(1)岐阜県内の山間部の村では、凶事の用意に麻の反物の1~2反が大切に保管されるが、イラクサを利用する地域では、当然イラクサがその素材となっていた。そうして、仏(ほとけ、遺体)に着せる通称カタビラ(帷子)も、その布地が使われた。カタビラ以外にはゼンノツナに、そしてカン(棺桶)の結びに、さらにはカンを吊る人の首綱ともされていた。

こうしたなかで、上宝村にはイラクサの布地でできたカタビラを着ていれば、あの世で鬼にその着物をはがされないと伝えている。これが丹生川村になると、はがし役はショオズカバアサンに代わり、やはりイラクサの着物だけは大目に見てもらえると教わった。イラクサの布地がないときは、せめてもの、縫い糸だけでもイラクサを使っておけば、無事に難所を通過できるとも聞かされた（縫い糸の事例は上宝村にもある）。

イラクサのこの効能の痕跡なのだろうか、一方の美濃側徳山村では、オビ（帯）にはイラソ（ミヤマイラクサ）のオ（苧）を編んでおくものと伝承されている。

麻（アサ）のことでは、白川村に次のような話しも伝わっている。人間は生まれるとき、麻の種を3粒もらってくるので、その麻種でつくった着物を身につけるとよいとする。

イラクサと麻の両植物のうち、どちらが古いかといえば外来植物としての麻の位置からしても、前述した条件からしても、今さらいうまでもあるまい。

なぜにふだん利用していた布地を着てゆくことで、災難にあわずにすむものだろう。

この由縁にまつわる伝承は、消滅して既に久しいようだが、何か、イラクサには私どもに想像もつかないものが秘められているような気がしてならない。

（2）岐阜県内にはミヤマイラクサ、徳山村でいうイラソで織った着物を着ていると、カワタロウ（河童）に狙われるという。

（3）野生のカラムシはヤマソとかパンパングサ、オノハなどとも言っている。ミヤマイラクサと同じで山間部の谷沿いに群生しているものが枝分かれも少なく繊維を取り出すにはよい。野生カラムシの茎の色は赤味を帯びたものと青っぽいものがあり、後者が鉛筆のように細いものでも表皮が長くとれるのでよい。夏至から半夏生までの11日間に採取する。そうしないと皮が剥げなくなる。麻を栽培したくても、大切な上畑を使わなければならず、かといって作物も植えなければならない。そのため山間部では、耕地不足の分を、自生植物に頼っている。

野生カラムシの繊維だけで織った布でつくった着物を着て、昼寝などしていると袖なり裾から蛇が入ってくる。それを防ぐために、麻を交ぜて織った布としているという。

【台湾の原住民族の事例】

台湾の先住民族は、台湾では原住民と呼称することが定着している。4000年前から原住民の祖先は台湾に暮らし、狩猟・漁撈・遊耕を生業としてきた。現在まで16の民族が政府から公認されている。

民族によりカラムシの呼称が異なる。また男女の性差による禁忌（タブー）も多くある。

（1）岡村吉右衛門によれば、蛮布という名を改め、蕃布の文字を使った。蕃は植物が盛んに生い茂るさまを言い、決して野蛮な人たちの手によってできた織物ではない。苧麻(からむし)を植え、糸を紡ぎ、色糸を染めたり平地人から染糸を買ったりして布を織る。ルカイ族では、死者とともに衣服をすべて副葬してしまうため、伝世品は少ない。男は織物にかかわらないというタブーがある。亭主が猟や漁に行っているとき織ってはならない、織物の話しさえ禁物であった。もし出猟の間に日本人に織物を教えたため獲物がなかったら、その代金を払うという約束で調査をしている(岡村の台湾への調査行は1968年と69年の2回で、延べ2カ月半。岐阜県の宗広陽介が同行している)。

タイヤル族は人が生まれることを「神が織る」、死ぬことを「神が織り終わる」という。

(2)タブーは台湾全域にわたり共通しているという。男は一切機織りをしてはならない、機に近づくことも道具に触れることもできない。もしタブーを破れば獲物がとれなくなったり、イノシシの牙にかかって怪我をすると信じられていた。

狩猟、出草(首狩り)、祭礼のときには、麻に触れることも機織りもしない。整経のとき、他人は一切、整経台に触れてはならない。

特別に模様織りの上手な女に対しては、頭目から白銅製螺状の腕輪が与えられる。機織りは女子の必要な技術として母親や年上の女たちから厳しく教えられた。太鼓の胴に臍緒を入れたが、これによって機織りの上達が早くなると信じられた。

前巻は噛み合わせの2本細角棒であり、男女、あるいは父母の呼び名を持ち、織物(布)はその子供であるという。

機道具および紡錘車は、死後、村の外れの秘密の場所に放棄し、この場所には決して立ち入らない。

模様は経浮織りの色変わりは雨傘蛇の鱗紋といい、菱形の連続は百歩蛇の鱗紋という。単純な鱗紋を各自の工夫発展によって多様な幾何文が展開される。複雑な菱紋の変化は三角星を見てその方法を考えたという。

(3)私が2016年11月19日に台湾の花連の那都蘭工作室を会場として行なわれたワークショップで、馬芬妹氏の通訳で、桃園市の工芸研究者の孫業琪氏(Daki Ratuk、1970年生まれ)氏に聞いたところでは、タイヤル族が苧麻から剥いだ皮から繊維を引き出すのに使用する竹筒の道具プタカンは、男性(夫)が制作し、それを男性がいる場所で女性が使用しなければならない。女性は一人で道具を使って苧麻から繊維を取り出してはいけない。この竹筒の使用が終われば、割って捨てなければならない。

男性が苧麻から繊維を取り出すにはバントウ(蛮刀)の刃を使って行なう。それは綯(な)って紐などにして使う(この2016年11月16～21日のほか、2017年3月12～17日、11月22～29日の3回、台湾の原住民のからむし(苧麻)利用の調査を行なった。

3章

カラムシを栽培する

カラムシを栽培する（福島県昭和村の場合）

●会津のカラムシ栽培の経緯

ここでは、私が調査した史料を時系列で追いながら、会津にカラムシ栽培が導入された経緯をたどってみたい。

【会津藩正史『家世実紀』中の谷野又右衛門】

会津藩の正史である『家世実紀』巻之百三享保三年十一月十日条には、１６６９(寛文９)年に、京都に居住していて、藩主保科正之が上京の折に御用を勤めていた谷野又右衛門が会津に下り、正之公より下賜された松原(現在の喜多方市山都町)に新しい畑を開いて、最上(もがみ)(山形県西村山郡大江町付近と推定)より苧(カラムシ)の根を調達し、会津で苧栽培をしたいと申請したとある。そこは、谷野新田と名付けられ、子孫が現在も住み続けている。

保科正之(土津様(はにつ))が亡くなり、猪苗代の見禰山に埋葬以来四十余年、毎年祭礼には又右衛門は、自ら栽培した青苧を奉納し続けた。会津藩は、このことについて１７１６(享保元)年11月10日に米３俵を褒美として与えた。

又右衛門は、保科正之の先任地の最上(山形県)から、カラムシの根を購入して会津に移植している(『家世実紀』)。会津藩正史により、保科正之から谷野又右衛門につながるカラムシ栽培が確認されている。この『家世実紀』の記述が、現在のところ会津で確認されるカラムシ栽培の初見資料である。また、会津藩が１８０９(文化６)年に編纂して幕府に献上した『新編会津風土記』巻之九十「陸奥国河沼郡之五　坂下組」にも同じ内容の記述がある。

これより先になるが、民間の「肝煎」(名主)文書である「新明家文書巻之二」には、１６７３(寛文13、９月よりは延宝元)年に会津藩から、カラムシを植えるようにいわれ、大塩善左衛門と高柳五郎兵衛の二人が最上に行き、カラムシの根(青苧根)を買ってきて組(与(くみ))中にて少しずつつくったとある。二人が最上に行くということは青苧根の買付だけではなく、当然、栽培地をよく見て、その栽培方法を視察し教授され、繊維にする技法や道具などもよく視察、聞いてきたと思われる。

【１６７４(延宝２)年の『青苧造様之覚』】

南郷村界(現在の南会津町界)の斎藤兵平家の古文書である『青苧造様之覚』(福島県文化センター歴史資料館蔵)には、文末に「延宝二年寅ノ八月七日　右ハ　河原田　谷屋又右衛門方より之指南　泉田久太郎殿、梁取助太郎書付　被遣候写如此」とある。

保科正之が最上から会津に移り、谷野又右衛門が最上苧の根を移入し会津に植え、それを会津藩が各地に勧めていることが読み取れる。

南会津郡からも谷屋(谷野)又右衛門宅に和泉田村(旧南郷村、現南会津町)と梁取村(只見町)から2名(名主と思われる)が指南(指導)を受けている。

南郷村界は鳥居峠を挟み大芦村(野尻組)に隣接し、南郷村では青苧(カラムシ)も麻も栽培してきた記録がある。

これまでの史料を時系列でみることにより、最上青苧の根→谷野又右衛門→会津藩の青苧(カラムシ)勧農→産業としての青苧生産へ→小千谷縮の原料へ特化→野尻組(大芦村)の本場化→『北越雪譜』の会津苧(大芦苧)のかげそ(影苧、陰苧)という流れが想定される。

【1685(貞享2)年の「地下風俗覚書　会津郡楢原郷」】

南会津郡内での、会津藩による青苧の勧農(栽培奨励)の経緯をみると、最初の会津藩預り支配のもとで、南山御蔵入郡奉行を勧めた飯田兵左衛門重成が出てくる。

「貞享二年　地下風俗覚書　会津郡楢原郷」(南会津郡下郷町・星徳左衛門所蔵)によれば、現在の南会津郡下郷町域の諸村に対して、1674(延宝2)年に、南山御蔵入郡奉行の飯田兵左衛門が、栗の木を植えること、カラムシ(青苧)を植えること、桑の木を植えることを勧めている。

カラムシ(青苧)は、「たね(根)」求めだんだんに植え、本書面が作成された1685(貞享2)年までの10年ばかりで「ゑき(益)」になっている、と記述している。

カラムシは根を畑に植え付けてから3年目くらいから収穫となるため、安定した収穫になっていることを示している。「たねもとめ」としているが、この種苗(根)はどこから入手したものであろうか。これまでの経緯から、1674年は「青苧造様之覚」に記述のある年であり、このときの種苗はおそらく谷野又右衛門の圃場からのものと思われる。

【1685(貞享2)年の「会津郡郷村之品々書上ヶ申帳　伊南古町組」】

伊北(いほう)麻の生産・流通の拠点である伊南古町のことをまとめた「会津郡郷村之品々書上ヶ申帳」は、アサの加工などについても詳述されており、その後段にカラムシ(青苧)のことが出てくる。

「郷村御巡見始候比(頃)より村々にて、カラムシを植、漆之苗木を調植候へと被仰付、或ハ桑を沢山に植立養蚕を能仕絹紬を致習候へと被仰聞、田地方ハ第一種子物に念を入やしないを多貯」

飯田兵左衛門の支配のやり方は、飯田自身で、たびたび村を巡回して歩き、村人(地下)に、また郷頭や肝煎(名主)にもたびたび以下のことを言い続けた。「たびたび」という表記が勧農(農業政策)は、自ら出向いて「言い聞かせる」ことが肝要であることを説いている。

飯田兵左衛門は、暮らしを支える産物(商品作物)として、
(一)カラムシ(青苧)を植えなさい
(二)うるし(漆)の苗木をととのえて植えなさい
(三)くわ(桑)を「たくさん」植えて、養蚕(かいこ)を飼い絹紬織りを習いなさい
と奨励している。

この伊南古町組の様子と前掲の楢原組の1674(延宝2)年に奉行の飯田兵左衛門が、カラムシ(青苧)を植えるよう勧農したことを合わせてみると、1674(延宝2)年8月の南郷村界に残された文書「青苧造様之覚」にある「延宝二年寅ノ八月七日　右ハ　河原田　谷屋又右衛門方より之指南　泉田久太郎殿、梁取助太郎書付　被遣候写如此」とあることの背景が見えてくる。

つまり、飯田兵左衛門によるカラムシ栽培の勧農は、具体的には農民(名主層や村役人)を坂下組谷野新田村の谷野又右衛門方に視察に行かせ、カラムシ栽培や製法を教示させることをともなっていたと思われる。

谷野又右衛門は高遠、最上、会津と保科正之に随伴してきた保科家中(藩士)であるため、会津藩の勧農(農業政策)の一翼を担っていたのである。

【1684(貞享元)年の佐瀬与次右衛門『会津農書』】

会津若松城下近くの幕ノ内村の肝煎である佐瀬与次右衛門による『会津農書』は1684(貞享元)年にまとめられた。

麻のつくり方は、人時生産性も含め栽培・製法を詳述している。しかし苧(カラムシ)については、一通りの概説を述べただけで詳しく記述していない。佐瀬与次衛門は麻を栽培していたことが推察されるが、苧については、見聞きしたことを記述したと思われる内容になっている。与次衛門のカラムシに対する評価も、「つくるなら麻だ」という段階であることがわかる。

現在の私たちは奥会津・昭和村のカラムシ(青苧、苧麻)の栽培・生産を標準だと思って見ている。畑で枝の有無等で三種類の長さに選別し「親苧(おやそ)」「影苧(かげそ)」「わたくし(私苧・子供苧)」に「切りそろえ」ている。

昭和村(野尻組)では麻の栽培もかつてはカラムシとの輪作で行っており、麻の繊維は長いままを利用し「切りそろえる」ことはしない。長さにより選別(ホンソ、シタナミ等)は行なう。

しかし、カラムシも原初は、長いままの繊維に利用価値があったと思われる。山形県内の羽州苧(最上苧・米沢苧)の古文献を見ていると「長苧(ながそ)」ということが散見されることである。

米沢苧のなかより短く切りそろえた規格の「撰出青苧」、つまり「撰苧(えりそ)」が小千谷縮の原料としての要望のなかから発生し、原苧の販売単価も2倍の値段での取引が担保され、短い繊維規格が誕生しそれは越後向け原料商品として発展していく。

佐瀬与次衛門の時代は、まだ小千谷縮が発明・発展されてお

らず、収量的価値に意義があった時代のため、カラムシより長い繊維を取得できる麻の栽培を主とすることが賢明であったと思われる。ちなみにこの『会津農書』は原本がいまだ見つからず、写本による解読作業が行われている。

いずれにせよ、『会津農書』の時点では、カラムシ(青苧)は会津地域であまり栽培面積が広がりを見せていなかったとも思われる。

【野尻組(昭和村)のカラムシの記録】

昭和村(江戸時代では野尻組)でのカラムシ栽培については、村内松山の『佐々木太市家文書』(福島県立博物館所蔵)の1756(宝暦6)年条に、中向カラムシ・青苧畑証文3通があり、これがカラムシ栽培を確認できる最古の文書となっている。

2014年6月、昭和村下中津川上平の菅家和孝家の土蔵より1675(延宝3)年から1884(明治17)年までの、209年間分の質地証文など約200点が発見された。

1698(元禄11)年より麻畑が多数、質地証文として出てくる。その他、田、畑、林、杉。1773年(安永2年)より1876(明治9)年まで、青苧畑、カラムシ畑、青苧時、カラムシ時という文字が記載された文書が11点ほど確認された。

これからうかがえることは、村内ではアサ(を)の栽培が先行し、その後にカラムシ(青苧)が畑を占有している、あるいは経済作物としての価値が高くなったことを示している。

また『昭和村の歴史』(1973年刊)の中に、大芦村の1851(嘉永4)年の「青苧畑書入(質入)証文の事」が掲載されている。

近年の雪による家屋倒壊などの問題から昭和村内では家屋・土蔵の解体があり、その際、所蔵書面類が村に提供され、そのことについて、からむし工芸博物館では2015年に企画展を開催した。その際、報告書『文字に見るカラムシと麻』も発刊しており、それにすべて掲載している。今後、新たな事実が判明すれば、その都度、改めるべきであろう。

地域の産業や生活文化の確認には当該対象物、たとえばカラムシ(青苧)だけを収集しても全体像の把握は難しい。アサ(を、麻)とカラムシを輪作していた実態をみれば、アサとカラムシ、その他のものについても同時に資料を保存、調査していく必要がある。アサの基本技術の上にカラムシ生産が導入されているからである。

こうした点からみると、会津地方のアサ・カラムシに関しては、村川友彦『福島県歴史資料館　研究紀要』第3号(1981年刊)の「会津地方の近世における麻と苧麻の生産―伊南・伊北麻を中心に―」が根本資料をもとに記述したものとして評価される。

1788(天明8)年に幕府巡見使に随行した古川古松軒は『東遊雑記』のなかで、現在の只見町布沢から昭和村野尻にかけて記すなかで、「緒にする唐むしという麻にほぼ似たるものを作る、この辺に多く作りて」「麻も多く作る」と、2種の繊維作物の生産をみている。唐むしとは青苧・苧麻のことであろう。

1807（文化4）年「大沼郡金山谷　風俗帳」では、「青苧、夏土用中はきひき仕、勿論其節越国より買人参り相払申候、野尻組大谷組に御座候」などと、野尻組（昭和村）と大谷組（三島町）夏のカラムシ生産のこと、その繊維が越後の買人により買われていることが記載されている。

1858（安政5）年、野尻組松山村（昭和村）の佐々木志摩之助が郡役所日向源蔵宛に提出した「安政五年七月　青苧仕法書上」は、昭和村のカラムシの生産技法について現在と変わらないことを記している。これは喜多方市図書館所蔵で、からむし工芸博物館が2010年の企画展でとりあげた。

1881（明治14）年に、昭和村下中津川村の戸長である本名信一郎（1842〜1912）が、福島県令（現在の知事）に提出した文書の下書きが、子孫の本名信一さんの家に残っている。下中津川村で各産物は「毎戸耕作」ということがわかる。村の「人造農産物」として、栽培収穫、産出量、金額が次のように書かれている。

米方・毎戸耕作・五三〇石・三七九二円
粟（あわ）・毎戸耕作・拾五石・五拾円
大豆・毎戸耕作・弐拾石・百円
蕎麦（そば）・毎戸耕作・弐拾石・八拾円
羅葡（らいふく）（大根）・毎戸耕作・四万八千六百貫目・四百八十六円・
立秋四五日後　麻伐取リタル跡ノ畑ヲ打返　肥料ハ厩肥人糞尿混和シ之ヲ施シ直チ播種ス
玉蜀黍（とうもろこし）・毎戸耕作・千八百七十六斤・三十七円
馬鈴薯・毎戸耕作・四千斤・二拾円
麻苧・毎戸耕作・四千五百斤・九百円
青苧（カラムシトモ云フ）・毎戸耕作・三千斤・千九百八十円
養蚕・一村一■通・四十二斤・三十二円
蚊帳地・毎戸製造・五百疋・五百五拾円・
自製ノ麻ヲ以テ十一月末頃ヨリ始メ翌年四月■日頃マテ農隙中製造ス

青苧（カラムシ）については、「植付」として、以下のように書かれている。

立夏ヨリ小満ノ頃マテ植付　翌年小満ノ頃乾草ヲ散シ焼ク
（翌日人糞尿ヲ水ニテ和）

毎年四五年モ経テ其根腐ルモ有リ　又　十年余モ保モ有リ　腐ルヲ去リ若根ヲ撰ヲ取植替ル
「栽培」肥料ハ焼キタル跡ニ人糞尿ヲ水ニテ和ヲ施ス　又　厩肥腐草ヲ施ス
「採収」大暑始ヨリ採始メ　但シ　畑刈採リ一時間モ水ニ浸シ　皮ヲ剥キ採リ　又　水ニ浸シ　アラ皮去薄板ニノセ金具ヲ以テ引　三四匁程ツツ　小結ニシテ家内風ノ当ラサル様　サヲニ掛干ス

（■は解読不明）

カラムシの金額が多いこと、カラムシより麻苧（アサの繊維のこと）の生産量が多いこともわかる。

【600年前に開始説の誤り】

「昭和村でカラムシ栽培は600年前から始まった」とする言説・記述がある。あるいは報道機関などへの説明についても、現在は従来のカラムシ栽培600年前説を見直し、2015年から昭和村では「文書類（書面）上では、江戸時代中頃（1756年）から栽培を確認できる」という表現にしている。また、奥会津の三島町荒屋敷遺跡から縄文時代晩期の植物繊維が多数出土し、一時は、出土した繊維はカラムシではないかと推定されたが、近年の再分析により、これは「カバノキ属の外樹皮（コルク層）」であることが確認された。

◎資料から昭和村でのカラムシ栽培が確認できるのはいつか

現在の昭和村の村域は、中世の地域呼称では中津川郷、近世では野尻郷、野尻組として継続し、明治期に野尻村と大芦村に分村された。1927（昭和2）年に、もとの野尻組に合併し、年号をとって昭和村とした経緯がある。ここでは昭和村として表記していく。

稲作とカラムシの原産地と日本列島への伝播ルートは、ほぼ一致するのではないか、という仮説を早くから唱え、国内外での調査をされている研究者が会津若松市在住の滝沢洋之氏である。会津地方の高校教員として会津の民俗調査などにもあたられ、自治体史への執筆も多い。

カラムシに関する著作『会津に生きる幻の糸カラムシ伝播のルートを探る』（歴史春秋出版刊）は、これまでの滝沢氏のフィールドワークの集大成となっている。

そのなかに「応永3年（1396）「稲荷神社縁起」に「野尻郷でカラムシ栽培始まる」との文献記録が初見であるという」という一文がある。滝沢氏が引用したこの説を提唱した昭和村の郷土史家菊地成彦氏の立論の過程を振り返ってみたい。

昭和村中向の春日神社の神主であり、学校教員でもあった菊地成彦氏は、『福島の民俗』第10号（1982年、福島県民俗学会刊）に、「野尻郷のからむし栽培」を発表した。これによれば神社縁起では、応永3年（1396）に武蔵国豊島郡岸村の人、岸惣兵衛がこの地に来て開拓し土着して、岸氏の宅を創建し、子孫の繁栄と郷土の発展を祈願して稲荷神社を創建した、という。しかしこの縁起そのものが不明であり、文献としても確認できない。

また、村史編纂委員による『昭和村の歴史』や、その後、昭和村教育委員会から刊行された『昭和村史料在家目録』にも、カラムシ栽培の起源を中世までさかのぼる記述はない。

さらに、この神社周辺には縄文時代の土器が発見され繊維が混入されている、カラムシの自生もみられる、という。菊地氏はそこで推察し「岸氏がカラムシの換金作物として有利なことを知っていたので、ここに初めて栽培したのではなかろうか」とまとめている。稲荷神社縁起には、カラムシを栽培したとはいっておらず、これは稲荷神社縁起とカラムシ栽培を結びつけての、菊地氏の推定による言及である。

菊地氏はその1年後の『歴史手帖』1983年9月号（名著出版刊）に、「会津のカラムシと越後の縮布」を執筆しているが、ここでも、越後の上杉家の領地の移動でカラムシ生産の伸びがあったとだけ記している。

ところが、同年『歴史春秋』第18号（会津史学会刊）には、「カラムシ栽培のルーツと展望」として、「応永3年（1396）武蔵国豊島郡岸村の人、岸惣兵衛なる人物が、奥会津の野尻の里に、カラムシを移植したとみるのである」と推察している。前述の『福島の民俗』に記載したと同じ根拠で、新しい資料を示さずに、状況から推察を繰り返しただけである。

しかし、その翌年になると、菊地氏は『福島の民俗』第14号（福島県民俗学会刊）に「カラムシ産業を支えるもの」として昭和村中向の春日神社の嘉永5年の越後衆の寄進者面付を紹介する。実在する資料の紹介の冒頭で、これまで推定であった既報の稲荷神社とカラムシ推定論を、次のように断定して記している。

「カラムシ栽培が奥会津に定着してから600年近く経過したと見られるが、(1)武蔵野の一角から此の地に移し植えられてこの方、種々の困難を経、社会的な大きな変動があったにかかわらず今に伝わって細々ながら支えている事実から……」。

菊地氏は、竹内淳子氏を野尻稲荷神社に案内し、600年説を披露する。そのことは竹内氏の著作『草木布Ⅰ』（法政大学出版会刊）に詳しく書かれている。その文中で、竹内氏は『福島の民俗』に掲載された「野尻郷のカラムシ栽培」をも見ている。ただ、稲荷神社600年説には同意も否定もせず、菊地先生の説をそのまま紹介している。

しかし、ここで引用文献などは示さずに新たな記述を竹内氏は次のように展開する。「カラムシ栽培が会津領の表舞台に登場してくるのは応永年間（1394〜1428年）で、会津城主の芦名盛政公のときに領民の換金作物としてカラムシ栽培を奨励し、この頃から越後上布の原料供給地になったといわれる」。

これを示す文献などは管見では見あたらず、また滝沢氏もこうした説はとっていない。そもそも会津蘆名家の時代の書面・文書類は極めて少なく、この説も創作物語で史実ではない。

こうした昭和村でのカラムシ栽培の創始物語の誤りは、菊地氏が根拠のないまま推定を重ねて600年前説を独自に創作し流布させたことから始まった。それが批判もされずに定説化していったものである。その後、カラムシを対外的にアピールする広告代理店・出版社・新聞・テレビにより「600年前から昭和村のカラムシ栽培は始まっている」と喧伝されたことは大きい。その環境のなかで育っていく村内の子供たちが村役場の職員になり、役場が発行する資料やさまざまな文化財関係の指定にも、この「600年」が適用される。しかし、これまでに菊地氏の論述した資料群の再検討をした人はいなかった。

福島県歴史資料館の村川友彦氏は、『福島県歴史資料館 研究紀要』に「会津地方の近世における麻と苧麻の生産—伊南・伊北麻を中心に—」を執筆している。

ここで、新潟県内の研究者の渡辺三省『越後縮布の歴史と技術』に触れて、「原料となる青苧(カラムシ)の生産は上杉氏の移転とともに会津や米沢へと移ったと記述されているが、(略)会津地方の近世の青苧の生産は、これ(米沢や最上苧)に比べて、活発であったとはいえない。しかし元禄以後には、麻や苧麻の生産が序々に普及した。上杉氏が会津移入とともに青苧が会津地方に直に広まったということはないとしても、後に越後縮布の原料となる会津苧が、各地に広まることとなり、幕末以後南会津郡では麻や苧麻の生産が活発に行われた」としている。

滝沢氏の著作『会津に生きる幻の糸カラムシ伝播のルートを探る』に戻れば、寛文6年の『会津風土記』(1666年刊)にあるとされる「青苧—夏土用中はぎ引仕、勿論其節越国より買人参粗払申候(金山谷・野尻組・大谷組)」の一文は誤りで、これは1807(文化4)年の『金山谷風俗帳』に記載された一文のことである。

また同様に『苧(カラムシ)』(2001年、からむし工芸博物館刊)の中にある記事も同じ誤りで、『会津風土記』との記述は、1807(文化4)年の『金山谷風俗帳』が正しく、現在からむし工芸博物館ではその旨を正誤表を封入して対応している。

これらは、いずれも昭和村(農協工芸課)が作製した冊子資料『からむし年譜』の誤記が原因である。

【奈良布をめぐる誤認】

会津藩が編纂し、1809(文化6)年に完成した『新編会津風土記』がある。その「巻之八十二」の陸奥国大沼郡之十一、野尻組の「小野川村」条には、原野として「楢布原」があり「ナラフ」とふりがなが付いている。この「楢布原」は、近世の大岐(おおまた)の草刈り場として「ナラブッパラ」と呼ばれる湿地を含む原野であった。

第二次大戦後に開拓されて、将来を祈念し、奈良の都と音が同じであることから奈良の漢字を当てて「奈良布」と改名して「奈良布開墾」とした経緯がある。同じように両原の日落沢（ひおちさわ）は、「落日の集落」のようでは縁起がよくないとして、「日の出開墾」と希望ある名称にしている例がある。

しかし、この奈良布という地図上の集落名表記から、次のような誤った推察をするものが出てきた。『柳津町誌　下巻』（1977年刊）にある「琵琶首」がそれである。滝谷川の流域では、小野川・奈良布・大岐・琵琶首と集落が連なるが、これに触れて、次のような記載がある。「会津の文化の中核地は高尾嶺（会津美里町）と考えられ（略）、琵琶平三渓谷のうち最も早く拓けたのは、現在奈良布などの古代史的な地名が残っている東部滝谷川の流域で、ここには大和文化以前の土着文化があったとみられる」とする説を紹介し、越後の国から会津に進出し琵琶平文化を形成したとする興味深い推考である、と紹介している。これは、日本民俗学会員の塩川町（喜多方市）の中地茂雄氏によるものだが、本来は「奈良布」ではなく「楢布原」なのであり、誤った論考といわざるを得ない。

滝沢氏は先の著作の中で、「越後では奈良時代に越後布が朝廷に献上されたとの記録もあり、すでに奈良時代には盛んに栽培されていたことがわかる。その当時、越後と会津地方は物資の交流もあったので、越後からもたらされたのではないかと考えられる。

また、奈良から伝えられたという説もある。「奈良布」という集落が昭和村の小野川、昭和村に隣接する金山町小栗山にあるが、その地名がそれを裏付けるものという」と紹介しているだけなのだが、「奈良布」説は誤りであり、ナラの木が多く茂った草刈り場地名としての「楢布原」である。

●昭和時代までのカラムシ生産

【1980年代までの昭和村大芦のカラムシ栽培】

◎『津南町史　資料編下巻』の由来

新潟県十日町市の多田滋氏は、高校教員をしながら民俗調査を行なってきた。1980年代に2度ほど、昭和村を訪ね、大芦地区の生産者らから話を聞いている。それをまとめたのが、「苧から縮まで」（『津南町史　資料編下巻』新潟県津南町刊）と、『十日町市郷土資料双書8　越後縮の生産をめぐる生活誌』（新潟県十日町市史編さん委員会刊）である。とくに前者は貴重な一次資料であり収録する。写真は原著にはない。小林政一さん撮影のものを使用した。

◎話者について

昭和村のカラムシ栽培・生産については、詳細な聞き取り調査が行なわれても報告書などが発刊されていないため、本調査記録は土地の言葉を重視した貴重なものとなっている。

話者は大芦の星庄吉氏、五十嵐コウエ氏、皆川善次氏、五十嵐光雄氏、五十嵐ヒナコ氏、皆川虎之助氏、皆川ヤチヨ氏、五十嵐スイコ氏、五十嵐チョウノ氏の9名である。

五十嵐コウエ(康江)氏は、1930年生まれで、初代大芦村長・五十嵐伊之重の子孫。今でも、「を績み(麻績み)」をされている。私が訪問したのは2015年4月18日で、を(麻)とカラムシのことをうかがった。カラムシ栽培では日当たりが重要で、日陰がよいという。ヤマネ(山根、山際)の畑だと皮が薄く上質で、目方(重量)も取れるという。カラムシは、剥いでもらえば1日に100匁(375g)は引くことができた。中の土用(7月)のカラムシの質がよかった。この時期を過ぎると皮が硬くなる。8月10日までに引き終えた。カラムシは、引いてみるとわかるが、青い(緑色)繊維は、採取が遅くなると硬くなって赤味をくってくる。カラムシは、1aから800匁(3000g)ほど取れるが、600匁(2250g)ほどの人もいる。布1反分つくるのに、を(麻)は500匁(約1875g)を必要とする。内訳は経糸で300匁(1125g)が必要となる。オボケ(苧桶)には、1カ月間「を績み」して100匁ほど入る。布1反分ならオボケ5個分が必要となる。

五十嵐光雄氏は、1905(明治38)年生まれ。昭和村大芦の赤田でからむし仲買をしていた。

五十嵐スイ子氏は、1914(大正3)年生まれで、ご主人で1915年生れの初喜氏とともに、記録映画『からむしと麻』にカラムシ栽培・生産・機織りで登場されている。

五十嵐チョウノ氏は、1919年生まれで、からむし織りを行なっていた数少ない人である。拙稿『福島県昭和村におけるからむしの生産の記録と研究』(昭和村生活文化研究会刊)を参照いただきたい。1989年9月25日の調査時に、原料生産は古いが、からむし織りは15～16年前から始まったと語っている。今(2015年当時)織っているのは大芦のタネ婆、オリノ婆、小中津川のオマキさんくらい。ただ、経糸に麻(を)、緯糸をカラムシとしたカタヤマは古くから織ったという。

【『津南町史　資料編下巻』にみる会津苧の栽培】

以下は多田氏の聞き書きを『津南町史　資料編下巻』の中の「苧から縮まで」から引用したものである(見出しは引用者)。

◎昭和村のカラムシ栽培概要

かつての会津苧の産地は、現在の行政区画にいう福島県大沼郡昭和村・同金山町・南会津郡只見町などに広がっていたが、明治期に入って、低迷する越後縮の生産とその運命を共にしつつ縮小を続け、やがて昭和村の範囲のみに狭まってしまった。カラムシ栽培は、現在(多田氏が聞き書きした1980年代)、同村の中でも、大芦・両原(りょうはら)・大岐(おおまた)・小野川の四集落にしか残っていない。会津苧なる呼び名は新潟よりのもので、これに相当する現地での呼称は得られない。また昭和村では、植物とそれより精製された繊維束とを、区別なくカラムシといっている。カラムシバタケには、やや砂混じりの肥沃な土地が適するものとされる。620mの標高に位置する大芦のカラムシの品質は、より低い野尻川沿いの諸集落、すなわち大芦よりいうシタムラ産のそれに比して格段に優れ、大芦苧として聞こえていた。両地の気候・土地の微妙な差と、大芦の女たちの際立って鮮やかな精製技術を反映してのことと思われる。

◎連作を避けて植え替えする

カラムシは、同じ畑で長年栽培を続けると、根が腐って消失する株を生ずるようになる。これを、方言の動詞でウセルといい、畑の一部が禿げたようなその空隙を、ウセグチと呼ぶ。一般に、土質の重粘な畑は株が長持ちし、軽い畑は早くウセルものとされている。ウセないまでも、長く連作した畑からは、オヤソ(後出)にしかヒグことのできぬ太いカラムシが多く育ち、しかもその繊維には赤味が差すようになる。そこで、通例12～13年も経つと、株の植え替えが行なわれるのが慣いである。早春、芽が伸び出す前に、根を唐鍬で掘り起こし、良芽がついた部分を選び出して鎌で切り取り、約15cm間隔に新しい畑に植え付けるものである。

◎カラムシ畑にカッチキを敷き詰める

この新しいカラムシ畑には、カッチキ(葉のついた低く細い雑木を、青草も混ぜて刈ってきたもの)を藁の切断に用いるオシギリで細かく切って、一面に敷きつめておく。地面を覆って雑草の繁茂を防ぐためで、カッチキはやがて腐って肥料ともなる。植え替えの年にはカラムシを収穫せず、除草しながら1年間株を休ませておく。翌年から焼いて刈り始めるが、この年に得られたカラムシをアラソという。アラソの品質はまだ本当ではないが、植え替え3～4年目の株からは、この上ない優品が得られるものである。1反歩あたりの収量は、畑の地味によっても異なるが、6貫目から10貫目に達しており、慶長検地の当時から見ると倍増・3倍増している。

◎カラムシヤギ(焼き)

カラムシ畑の手入れは、厚い積雪が解け去って、新芽の伸び出した頃を見計らってのカラムシヤギに始まる。チューすなわち暦でいう小満(5月21日頃)をその日と定めておくが、フカユキなどの影響で、これよりも幾分遅れる年もある。伸びのよい年には、この時、カラムシの丈はすでに20cmに達している。ヤクサ(カラムシヤギに用いる干し草)として前年から刈り置いたカ

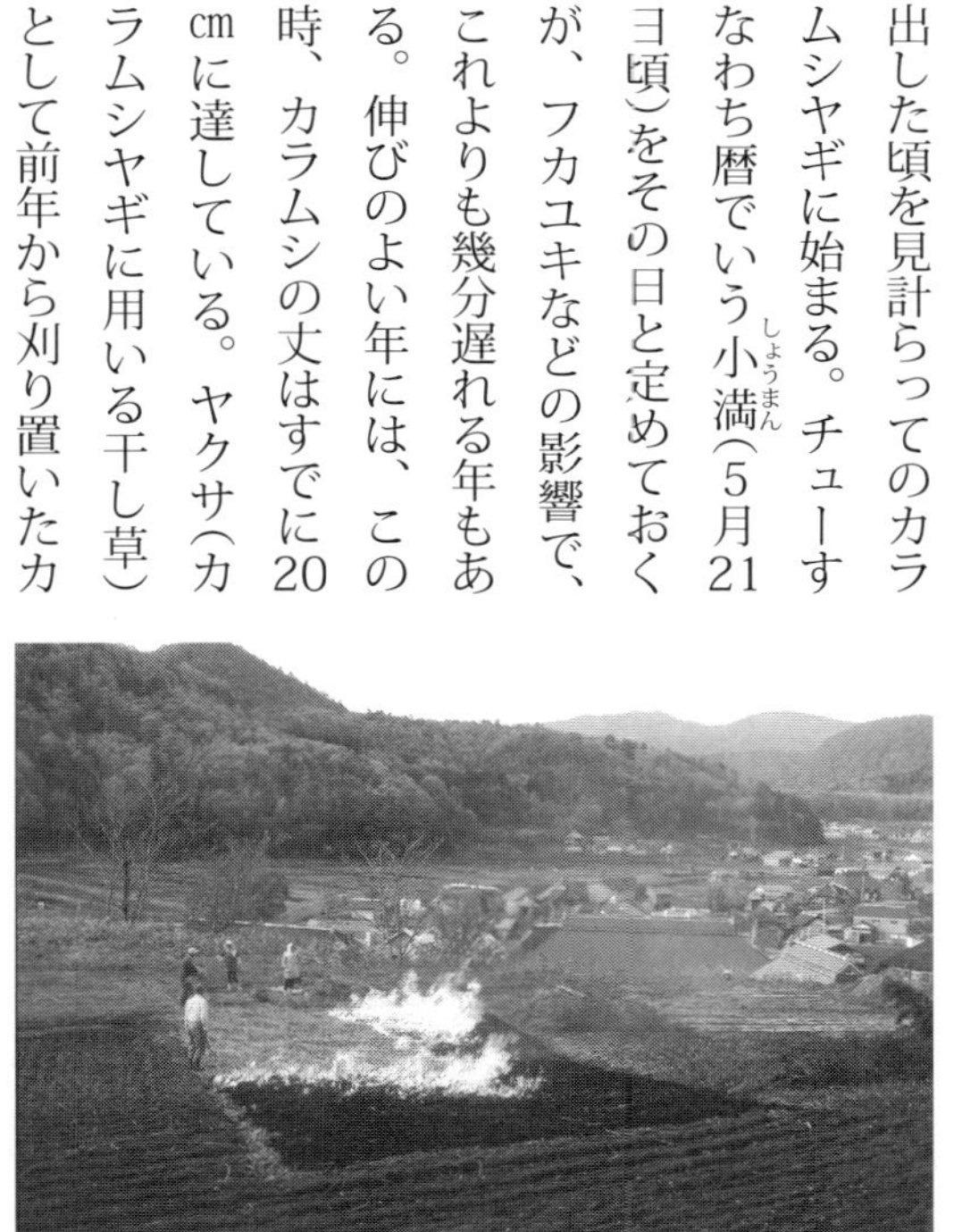

カラムシヤギ(焼き)(写真:小林政一、以下＊すべて)

ヤを、朝のうちに畑の全面に散らしておき、風のやむのを待って夕刻に火入れする。ほとんどの家のカラムシヤギがチューに集中するため、栽培の盛時、その火は天を焦がして壮観であった。風下より火を入れて、時間をかけて丁寧に焼き、燃え尽きるとアオシバ(葉のついた木の枝)で叩いて消し歩く。焼け残った芽があれば足で踏み倒し、さらに鎌で根元から刈り取っておく。

◎コヤシフリ(施肥)

カラムシヤギが終了すると、コヤシフリ(下肥の散布)にかかる。テンビンオケに汲んだ下肥をテンビン(天秤棒)で担っていき、近くの小川から手桶に水を汲み、これで薄めながらカラムシバタケにフル(振り撒く)。流れるくらい大量にフルものだ、とされている。かつてコヤシフリに用いたフリビシャクは、昭和村畑(はた)小屋(ごや)のキジヒキ(木地師)・小椋氏マケ(一族)の挽き出したもので、浅い腕状のブナ材の柄杓であった。コヤシフリに引き続き、アオベーフリといって、草灰をその上からフル。アオベーは、前年の二百十日過ぎに、ヘーガヤカリと称して草を刈り、1日乾燥させたのちに灰にしておいたものである。このあと、さらに続けてンマゴエフリを行なえば、施肥はすべて終わる。厩肥(きゅうひ)をソラカゴで背負っていき、畑一面に撒き散らす作業である。

コヤシフリ。下肥の散布。使用している丸い柄杓は木地屋がろくろで挽いたもの*

◎カラムシカギ(垣)ツクリ

やがて顔を出す二番芽のあまり伸びないうちに、次のカラムシカギ(垣)ツクリに取りかかる。カラムシの若い茎は、強風に揉(も)まれたり互いに擦れ合ったりすると、その箇所に傷がついて、刈ってもヒイてもそこは赤褐色のサビとなり、そのカラムシはキズソとなってしまう。そこで、防風のために粗いカヤの垣を結(ゆ)うものである。

最初に、畑の周囲に杭を打ち込み、竹竿を横にして二段に取りつけ、これにカヤを立てかけて縛りつけていく。カラムシカギは、まだ軟弱な成長期のカラムシを保護するためのもので、カラムシヒギの時期に至れば、カラムシの丈は遙かにこれを凌駕(りょうが)している。カラムシカギは、カラム

カラムシカギ(垣)ツクリ*

シの刈られたあとで取り壊される。

◎カラムシヒギ(引き)の稽古

一昔前まで、昭和村の女たちは、夏至れば例外なくカラムシヒギに従うべきものとされ、「カラムシヒギの下手な嫁は60年の不作」とまで言われてきた。カラムシの茎の先端の不要部分をウラソと言うが、女子が7～8歳ともなれば、これをあてがわれてカラムシヒギの稽古を始めさせられた。カラムシヒギイタの上にハギソ(後出)をどのように置くか、また、ソヒ(表皮)を去りアオミズを押し出すために、金具のカナゴをいかにあて、いかにオクル(動かす)かを、じっくりと母親に教え込まれたもので、これをヒギナレー(ひき習い)といった。茎を折って剥皮するカラムシハギの要領も、大人の仕事の邪魔にならぬ場所で、繰り返し稽古して覚え込んだ。

◎ワダグスヒキ(コドモソ・ワタクシを引く)

10歳か11歳にもなった子供には、当座、カゲソ(後出)とするには尺足らずの細く短いカラムシを与えてヒガせる。カラムシとヒギバン(後出)の空いている昼休みなどに少量ずつをヒギ、それを売った代金は、ボンコズケーとして当人に与えられた。そのために、このカラムシをコドモソともワダクスソとも呼んだ。ワダクスソは、略してワダクスという者が多い。このワダグスヒキは、ヒギテ(引き手)が嫁入ってからも、時には夜なべに行なわれたもので、それによる収入は、ホマチとして私(わたくし)とすることが認められていた。小学校を卒業する12～13歳からは、イッチョーメー(一人前)の大人扱いを受けて、もっぱらカゲソとオヤソをヒグようになった。通例、三夏ほどヒグことにより他人に引けをとらぬ腕を身につけたものである。

◎カラムシトリ・カラムシハギは男手で

カラムシはドヨーグサだといわれるように、夏の土用のうちにヒイたものは薄く軽く、高品質で値よく売れる。カラムシドキの土用に入ると直ちにヒギ始める者も、ナカノドヨーからとする者もある。最初のうちにヒイたカラムシをセンソといい、ことに軽量で上品となる。土用があいてしまうと、日毎にカラムシの皮の厚味は増し、製品の品質は低下し、キラ(光沢)も失われていく。しかし、30貫目(112・5kg、1貫目は1000匁で3・75kg)も収穫する家では、それを承知で二百十日近くまでカラムシヒギを続けていた。カラムシを草刈り鎌で刈り取ることを、カラムシトリという。これと、次のカラムシハギの工程までが、一般に男手で済ませるべき仕事とされている。女たちのカラムシヒギの進行に見合うように、量を加減しながらトルことが肝要である。株の根元の太い部分は使わず、成長のよい年で地面から30cm程度を残して、1本ずつ刈り取っては地面に置く。

◎カラムシのランク—オヤソ・カゲソ・チューソ

カラムシは、その茎の太さと丈の長さに比例して皮も厚味を加えるが、刈ったものは太さによって目分量で二段階に分ける。そして、手で葉をしごき落としてから、太い方は5尺3寸、細い方は4尺8寸にシャクボー（手製の木の物差し）をあててウラを切り棄てる。これらの長さが、オヤソタケとカゲソタケである。オヤソになるカラムシは、指に力を込めてもなかなか折れないほどに茎が太く、カゲソにヒガれるものに比較すれば、収穫される本数は遙かに少ない。カゲソよりもさらに細く短いものを取り分け、4尺5寸〜6寸にヒイてチューソと称する場合もあったが、これを選び出してしまうと残るカゲソの品質ががた落ちになるので、チューソはあまりヒガれなかった。結局、大部分のカラムシはカゲソとなったわけである。チューソは、会津苧のなかの最優品であった。

さきのワダグスとなるのは、チューソよりもさらに細く短く、極めて薄皮のカラムシで、よくヒゲたものには極上品の評価が与えられ、高値に売れていた。これには丈の決まりはなく、3尺くらいのものまであって、短いために、績む手間は当然余計にかかる。このワダグスソに対し、長い規格品のオヤソとカゲソは、併せてホンソともいわれていた。ワダグスソの生産量は幾らでもなかったが、ことさらにこれを注文生産させる、ワダクスケーと呼ばれる青苧商人もあった。

カラムシトリ（刈り取り）。葉をしごき落とし、シャクボー（尺棒）をあててウラを切り落とす*

◎カラムシイゲ（池）にヒテル（浸す）「カラムシヒテ」

数本ずつの藁を二段に繋ぎ合わせたものをツギというが、このツギで茎だけになったカラムシを束ね、ヒロロ（カヤツリグサ科のミヤマカンスゲ）のミノを背中あて代わりに着て、ニナワで畑から背負い帰る。カラムシハギに先立って、まず、このカラムシの束を2〜3時間水にヒテル（浸す）。これがカラムシヒテで、用意周到な家では、庭にカラムシイゲという小さな池を掘っておき、カラムシヒギの時期が近づくと、泥を浚ってヒテル準備にかかる。池のない家では、集落に引き込んであって各戸の前を流れる細流を堰き止めるなどして、臨時のカラムシヒテバを設ける。

これらのいずれの方法をとるにせよ、生温かい溜まり水は不可であって、常に清冽な水が流れ込んでいるように計らわねばならない。シブミ

カラムシヒテ*

ズ(鉄分を含む水)が入れば、カラムシは変色してしまう。カラムシの束を水中に沈めておくための重石(おもし)も、皮を傷つけないように、板切れを置いた上にのせるという心配りをする。

◎カラムシハギの方法

カラムシヒテの目的は、水を含ませてカラムシの皮を柔らかにし、カラムシハギを容易にすることである。夕刻に刈ってきて一晩ヒテておく場合もあるが、水中にとどめられるのは1日半が限度で、それ以上置けば皮が腐り始める。刈る時期が早いほどヒテル時間を縮め、遅くなるにつれてそれを延ばしていくのも、次第に増してくる皮の厚みに対応してのことである。カラムシハギは、涼しい日陰などに古筵を敷いてあぐらをかき、水から揚げたカラソの束をかたわらに置いて開始される。

カラムシの茎を2本、その根元を右側にして保持し、そのやや根元寄りの箇所を両手で折る。この際、両手の親指を重ね合わせて指先に力を込める。続いて、いま折った隣でもう1カ所、1~2㎝離れたところを折る。これによって、この2カ所の間のカラムシカラすなわち木質部が、靭皮部から剥離(はくり)して落ちるので、ここに右手の人差し指と中指を揃えて差し入れ、まず茎のモトの方へ、2枚に分けながら皮を剥ぎ取ってしまう。すなわち、2回腕を伸ばして剥ぐことになる。引き続いて、ウラの方へ向かっても同様にして剥ぐ。こうして残った靭皮部をカラソというが、これを束ね直して再び水中に戻し、2~3時間ヒテておく。さもなければ、ヒグ(引く)にスブイ(手強い)ものであり、得られるカラムシにキラも出ない。

◎カラムシヒギは1日のうちのいつ、どこで行なうか

カラムシヒギは、まず朝食前のメシメーシゴトとして、4時半頃から始められる。涼しい朝のうちには、水から揚げたカラソも乾かず、仕事はことにはかどる。昼食後も30分ほど休むばかりで、夕暮れの手許の見えなくなるまでヒギ続けるが、暗い場所ではカラムシのサビが見えないので、前記のワダグスヒキ以外には夜なべは行なわれなかった。サビの入ったカラムシは、ヒギダシといって取り分けておき、別の束にまとめて売る。昭和村の典型的な農家の間取りとその呼称は、津南町の農家の場合とほぼ同一で、チューモン(中門)もニワ(居間兼仕事部屋)の前方に突出し、玄関とンマヤ(厩)に縦に仕切られている。その玄関からニワへの上がり口に、栗材を手斧(ちょうな)ではつって自製した長方形のカラムシヒキバンを斜めに立てかけ、ヒギテは低いコシカケに坐って、カラムシヒギの作業は進められる。

◎カラムシヒギのやり方

水から揚げてきたカラソは、舟状に浅く刳られているカラムシヒギバンの中に束のまま入れて、その中から一(ひと)セズ(1枚)を抜き取る。右手には、土地の鍛冶屋に打たせたカナゴを持ち、左手に保持したカラソのモト近くにその刃を当て、ソヒの厚みだけ切り込む。そのままカナゴごとカラソを握って右腕を伸ば

していき、ソヒだけをまず剥ぎ取る。こうして残った繊維束を、ハギソと呼ぶ。次に、カラムシヒキバンの向かって左上端に2枚重ねて取りつけたカラムシヒキギイタの上に、ハギソのソヒを除いた方を表にして置き、カナゴをオクル作業に移る。カラムシヒギイタは、土地の大工に誂えてつくらせる物で、ここでヒノキと呼んでいる木の柾板を薄く削り、その一端近くに、俎板の足のような、その幅一杯の桟をつけたものである。この桟がある方が表で、これを上方に向けて二枚重ねて使用するために、上側のカラムシヒギイタはヒグ時に軽く撓う。そして、この桟の上を通って、カラムシは次第に上方へと引き上げられていく。ヒノキは、会津の深山にあるという樹種で、おそらくヒノキ科のネズコであろう。カラムシヒギイタの材料は、ホーノキイタで代用される場合もある。

ソヒカワ(表皮)取り＊

カラムシヒギ(引き)＊

カラムシヒギイタの少し下方には、頭を除いた五寸釘を2本、少しの間隔を置いて横に並べて立てておくが、これらの釘をブッタテという。右のようにしてソヒを剥ぎ取ったハギソは、カラムシヒギイタにのせて、先の方はこのブッタテのところで曲げて、ヒギテの向かって左の方へ捌いておき、ソヒを除くために切り込んだ部分から、ウラの方へとカナゴをオクルことを始める。カナゴは、カラムシヒキバンの上方から下方へ向かって小刻みに往復させるが、これをオクルことを、ハシラセルとも表現している。こうして繰り返しカナゴをオクルことにより、ソヒを完全に取り除き、併せて、ハギソに含まれているアオミズをも絞り出すことができる。カラムシヒギバンの、斜めに立てかけたときに一番下になる部分は、その他の部分よりも深く刳ってあり、かなりの量のアオミズがためられるようになっている。

右手ではカナゴを繰り返してオクリつつ、左手にはそのハギソのモトをつまんで、だんだんとこれをカラムシヒギイタの上方へと引き上げていくのであるが、この加減が、カラムシヒギの作業の中で最大の熟練を要するところである。いつまでも同一の部分をヒイテいれば、削られたハギソは薄くなっていき、ついにはそこから切れてしまう。さりとて、カナゴをオクッてハギソを引き上げるのをあまり急いでも、ウソヌギといって、アオミズのよく抜けぬ色の悪いカラムシに仕上がってしまうわけである。ウラまでをヒギ終わると、上下をひっくり返し、先ほどカナゴで切り込んだ箇所から下に短く残っているモトのソヒを、今度は直接カラムシヒギイタの上で取り除き、併せてこの部分のアオミズをも押し出す。

◎カラムシヒギの完成した製品＝ハギソ

かくしてカラムシヒギの完了したハギソが製品のカラムシで、色は透き通るように白くなり、うっすらと青味をも帯びている。

一セズをヒギ終わるごとに、これをカラムシヒギバンの上方の床に、モトを揃えながらS字状に曲げて重ねていく。幅の狭いハギソは、二セズを並べて同時にヒグことにより能率をあげるが、その際に、これらが一部重なり合ってカサネビギになり、その重なった部分のアオミズの抜けが悪くなることを防ぐためにも、前記のブッタテが再度利用される。二本のブッタテの間に一方のハギソを挟んでおけば、互いに重なり合うことを避けられるわけである。しかし、熟達したヒギテの中には、あえてブッタテに頼るまでもなく、時には一度に三セズもの狭いハギソを並べながら、あたかも広い一セズをヒグように見せる神業を発揮する者もある。

◎カラムシヒギの段取りのつけ方

水中から引き上げたカラソが乾いてくると、カラムシヒギは滑らかには運ばない。涼しい朝のうちや夕方にはカラソも湿り気を失わないので、それらの時間ヒグ束はあらかじめ大きく束ねておき、昼間の暑い盛りにヒグ束は小束にしておく。日中には、手桶に汲みおいた水にカナゴを頻繁に浸しては、乾きがちなカラソを湿しつつ、カラムシヒギを進めなければならない。砥石も手近に置いて、時々カナゴを研ぎ、また、ハギソを置く部分を残してその両脇だけが磨き減りがちな、カラムシヒギイタをも研ぐ。カラムシヒギは、片時も神経の休まらない根気仕事なのである。イッチョーメーの女が1日にヒグ量は、100匁から150匁どまりで、抜きんでて手の早い者は200匁をヒイた。カラムシのアオミズにかぶれるカラムシマケで、すっかり手の皮が剥(む)けてしまう者もあった。大規模にカラムシを栽培する家では、賄いつきで3～4人ものヒギテを雇ったが、その作業量の個人差までは問わなかった。いかなる小百姓でも5～6貫目は収穫し、盛大に栽培する家では30貫目から35貫目とるのが、この村の往事の収量であった。

◎カラムシマルギ（結束）と乾燥

ヒイテ床の上に重ねておいたカラムシは、少量ずつ取り分けて、そのうちの一セズでモトから5㎝ほどのところをマルグ（束ねる）。カラムシマルギである。それから、その小束のモトの小口の真ん中を右の人差し指で軽く突き、束の内側へ折れ込ませて、ちょうど茶筅（せん）のような形に整える。こうしてマルイだ小束をザシキ(座敷)などに横に吊るした角物（かくもの）のカラムシザオに掛け、2～3日乾燥させる。種類や品質の異なるカラムシには、別々のカラムシザオを使う。メシメーにヒイた(これは誤り、ハイだ―引用者)分は朝食後に、午前中にヒイた(これは誤り、ハイだ―引用者)分は昼食後に、午後のものは夕食後に、それぞれまとめてサオガケする。

◎「大束(完成品)」に束ねる

こうして陰干しにしたカラムシは、竿秤（さおばかり）で量って100匁ずつの大束に束ねる。量目の切れぬよう、三匁ばかり余分に入れることになっている。一把の中に小束が幾つ入るかは定まっていないが、およそ20～30ほどになる。この小束は、一カケ・二カケと数える習慣である。ヒギテごとに、幾セズぐらいを一カケにするかはだいたい決まっているので、土用を過ぎてカラムシの皮が厚くなってくると、一カケあたりの目方が増し、大束一把に含まれる小束の数は減じていく。一般に一カケ一カケの小束が小さいと、100匁にまとめた際に、全体として膨らんでテガサ(手触りによる分量)があり、見場もよい。カラムシケー（カラムシ買い）に対しても、薄く良質の品という印象を与えるものである。

◎大束(完成品)の保存

カラムシの大束は、板の間などに直に寝かせ、ほこりよけの布をかぶせて放置しておく。直接空気に曝（さら）すと、カラムシは次第に赤味を帯びてくるものである。こうして1カ月ほど経つと、カラムシは白さを増し、キラもさらに加わってくる。カラムシヒギの仕事が全部終了すると、カラムシヒギバンその他の道具を洗って乾かし、蔵などに格納する。そして、バンジメーモヂ(盤仕舞い餅)と呼ぶ餅を搗いて家の神仏に供え、手伝いに来てもらった人々をも招いて祝ったものである。この祝いを、バンジメーと称えていた。

カラムシの竿掛、陰干し*

大束。乾燥したカラムシを100匁に束ねたもの*

カラムシ栽培農家の四季

●奥会津昭和村でカラムシ栽培を引き継いだ農家の四季

私が生まれ育ち、暮らす福島県奥会津地方の大沼郡昭和村大字小野川字大岐（おおまた）。この大岐集落が開かれた中世に、わが家はどのような暮らしをしていたのかはわからない。江戸時代の元禄期からの過去帳が1冊残っている。

江戸時代の大岐は7軒あり、アサ（当地ではヲと呼ぶ）とカラムシを栽培していた。わが家の経営は、第二次大戦後にカラムシを減らし、葉タバコの栽培と冬季の炭焼きを組み合わせたものだったが、昭和40年代（1965年～）から父の出稼ぎのため、葉タバコは廃作となった。そのあとは1983年から切り花栽培を始め、翌年からはかすみ草栽培に転換している。

カラムシ栽培は、夏の葉タバコ収穫の作業と重複するため1970年代に止め、ヲ（アサ）は1986年に最後の栽培許可を得て、この年で栽培を止めた。偶然、その年の栽培については、民族文化映像研究所（民映研）が記録することとなり、『からむしと麻』（1988年）に収録された。

大岐でのカラムシ栽培は、タツノさん・慶子さん母娘と、モト子さんの2軒で継続していた。わが家の祖母トシの妹のタツノさんが道路改良事業で家の移転を期に北会津村真宮（現会津若松市）に転出した。そのため、大岐でのカラムシ栽培はモト子さんとその夫の一二（かつじ）さんだけになった。一二さんが亡くなり、モト子さん一人でカラムシを続けていた。2007年頃、モト子さんは娘のいる4km上流の小野川本村に転出し、家は空き家になり、カラムシ畑も放置されることとなった。

昭和村主宰の「からむし織り体験生」の15期生で、広島県生まれの赤木洋子さんは研修後も村に残り、かすみ草農家の仕事をしたいと、当時村内両原（りょうはら）から毎日50ccのバイクで通いながらかすみ草の栽培作業に従事していた。2010年に、たまたまそのかすみ草圃場の近くにあるカラムシ畑が荒れていることを知る。赤木さんは、カラムシ畑の持ち主である当時80歳のモト子さんを訪ねて、生育しているカラムシを収穫する許可を得て、2010年7～8月にカラムシ刈り取り、カラムシ引きをした。その後、モト子さんが引き継いできた大岐のカラムシ品種を残すことになり、大岐カラムシの品種の継承事業として、2011年5月17日にわが家の畑に植え替えを行なうことになった。以下はその後の栽培の記録である。

なお、モト子さんは2017年1月3日に永眠され、大岐の自宅で葬儀が行なわれた。1927年1月1日生まれ、享年90であった。

小野川のカラムシを引き継ぐ―2010年

大岐の菅家一二(かつじ)さん・モト子さん夫妻のカラムシの栽培面積は、1992年に7aだった。当時は2～4aが標準であったから、村内でも広い面積を経営していたことになる。肥料は硫安を20kg施用している。化学肥料は使用しないようにしていたが、単肥で尿素、加里などを施用している人もいた。基本的には油粕、鶏糞の施用である。

一二さんが亡くなり、モト子さんが一人カラムシ栽培を継続していた。小野川本村に嫁いだ娘さんも、畑の管理には50ccのバイクで来ていた。80歳になり小野川の娘さん宅に移ったモト子さんのカラムシ畑は、そのまま放置され数年経過した。

私の父母と洋子さんは、小野川のモト子さん、娘さんに会い、カラムシ畑のカラムシを刈り取る許可を得た。

大岐のオミヤ(鎮守)は山の神様(大山祇神社)で、7月14日が祭礼日となっており、農休日となっている。そのため、かすみ草作業も休みなので、7月13～14日にカラムシの刈り取りを初めて行なった。その日に繊維を引き出す分のみ早朝に刈り取る。かすみ草の仕事があるためカゲソのみを刈り取る。カラムシの葉を落とし、3尺8寸(約114cm)の長さに揃える。刈り取った幹(茎)を持ち帰り、冷たい流水に2時間ほど浸け、カラムシ剥ぎをする。この表皮を束ねてまた冷たい流水に2時間ほど浸

モト子さんのカラムシ畑

初めての刈り取り

畑道具。栽培用支柱を3尺8寸の長さに切り、「シャクボー」の代わりにした

カラムシ水浸け

カラムシ剥ぎ

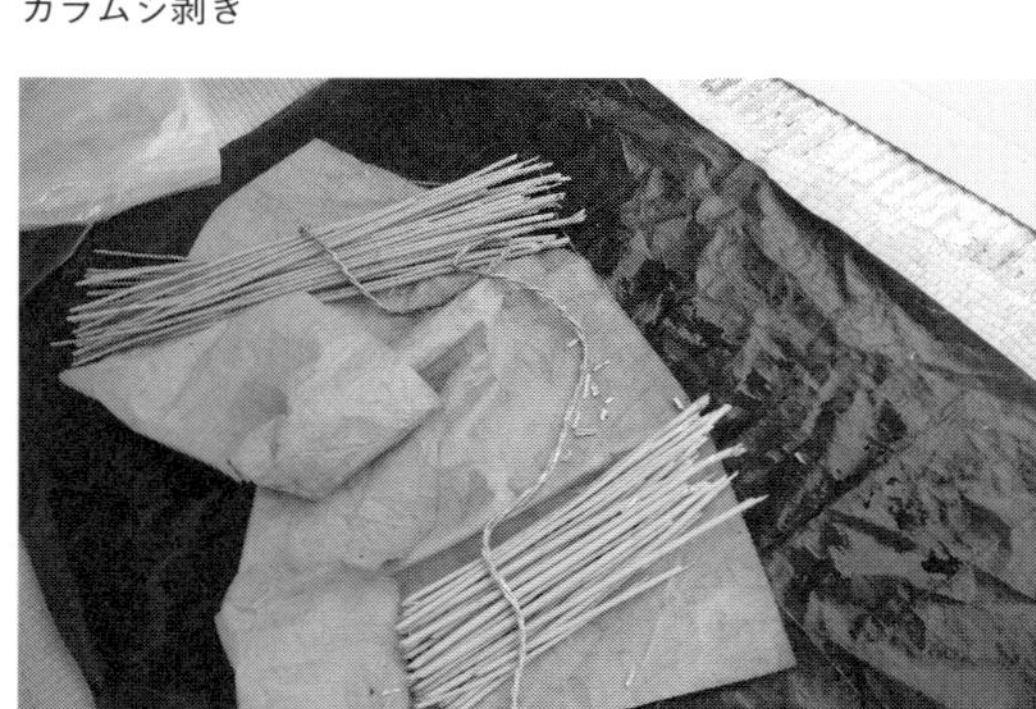

皮を剥いだあとのオガラ（カラムシカラ）（殻）

けたあと、カラムシ引き作業を行なう。

道具類はわが家の祖母トシらが使用していたもので、母ミヨ子も、25年ぶりくらいに小屋から道具を出してきた。道具は、トチノキをくり抜いてつくったオヒキバン、ヒノキ製と思われるオヒキイタ、そしてオヒキゴ（カナグ）、ブッタテ。これは「を（アサ）」「カラムシ」とも共通の道具で、わが家では最後の「を引き」を1986年に祖母と母が行なった。「を」を古くから行ない、道具や行為・作業はオヒキイタ、オヒキゴのように頭に「を」が付く。カラムシは江戸時代中後期に導入された。そのためカラムシの作業には、カラムシ引き、カラムシトリなど「カラムシ」の語が頭に付く。

剥いだ皮

剥いだ皮を浸す

道具は「を」の加工のためなので、オヒキバン、オヒキイタ、オヒキゴだが、同じ道具でカラムシを製するので、呼称はそのままになっている。しかし「を引き」はアサ、カラムシを挽き出すのは「カラムシ引き」と呼ぶ。「を」は「苧」と漢字表記する場合もあるが、「苧引き」と書いてあっても、「カラムシ引き」と呼ぶ。これが「オヒキ」と誤って使用され、国の選定技術も誤った呼称となっている。呼び名は「カラムシ引き」とするのが正しい。2017年11月末の官報告示された伝統的工芸品の選定では「カラムシ引き」と正しく記名されている。

剥いだときの幹（茎）はオガラというが、これは次に刈り取り

オヒキゴ

引き道具。道具の載ったトレー状にくり抜いた入れ物がオヒキバンで、その上に載っているのが左からオヒキゴ(カナグ)、オヒキイタ、打ち込んだ釘はブッタテと呼ぶ

カラムシ引きに必要なもの

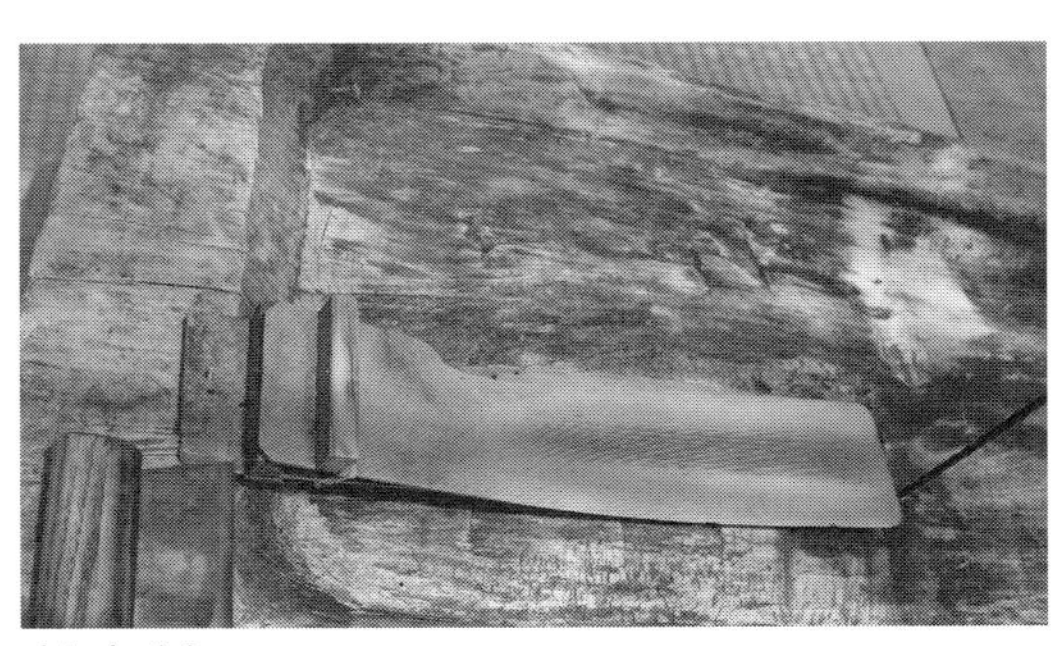
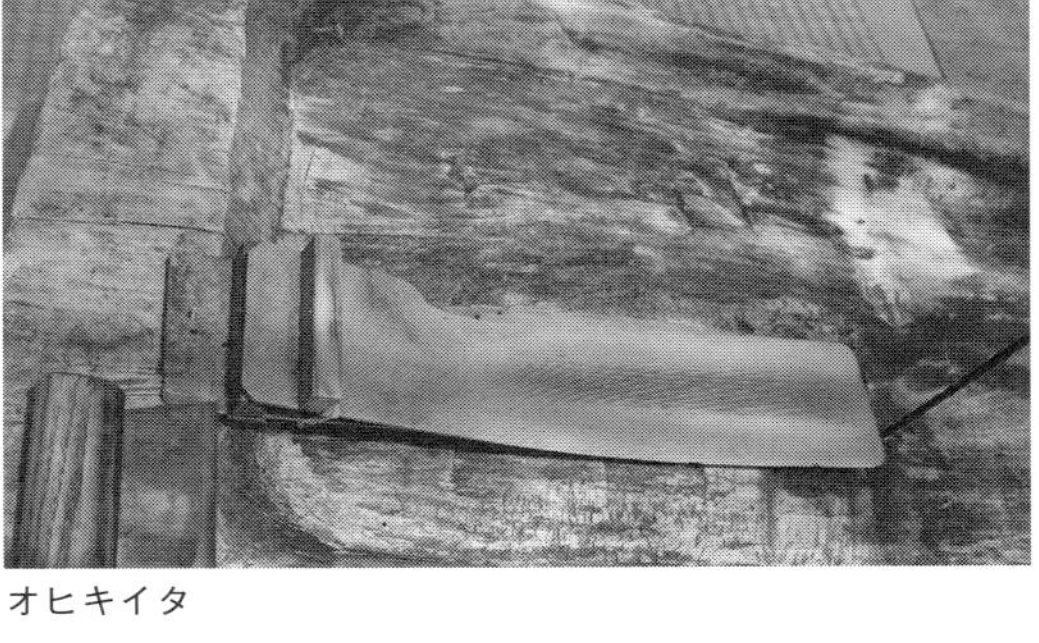
オヒキイタ

に行くときに畑に持って行き、外皮とともに畑に散らし、あとの畑の栄養とする。

洋子さんはかすみ草作業の前後、つまり早朝、夕刻を利用してカラムシを刈り取り、剥ぎ、引きを行なっている。

夏(7〜8月)に、一度刈り取ると、カラムシは再萌芽してくる。これをニバンポキあるいはニバンソ(二番苧)という。ホキルというのは萌芽することをいう。たとえば、5月初めに周囲のブナ林が新緑となることを「ブナがホキタ」という。かつては昭和村でも二番苧を収穫し引いて販売していた。草丈は1mほどに伸びる。

モト子さんの大岐高畠のウエンデイ(上の台)のカラムシ畑は

カラムシ引き作業の様子

カラムシ引きの後に残るさびなどで使えない表皮

ススキ、ヨモギに占有されていて、維持が難しい。大岐で継続してきたカラムシ品種を無くしたくない、ということになった。モト子さん、娘さんの許諾を得て、2011年5月に1坪ほどの面積のカラムシ根を掘り起こし、譲っていただくこととした。

引きだしたカラムシの靭皮

オガラは畑に運んで散らして養分にする

竿に掛けて陰干しする

秋彼岸となった9月19日、数十年ぶりのカラムシ収穫となったので、父が洋子さんと裏手のオミヤに御礼とカラムシを奉納した。

なお、カラムシ剥ぎをしたままの皮を陰干ししたものは「カラッパギ」といい、綱を綯(な)う、あるいは稲ワラに混ぜて綱を強化するなど、いくつかの利用法がある。

二番苧が伸びるカラムシ畑。刈取り後に再萌芽して伸びてきたもの

「カラッパギ」と呼ばれる、剥いだままで、苧引きをしないカラムシの皮。綱などにする

まとめたカラムシ

●カラムシ定植（植え付け）——2011年

2011年3月11日、東日本大震災が発生した。その後、東京電力の原子力発電所が爆発し放射性物質が降ってきた。

洋子さんは実家の広島県に帰るつもりで、績んだ糸を巻いたヨツワク等を持ち、会津川口駅まで行ったが、すべての列車は運休していた。そのため昭和村に帰った。

雪どけを待ち、5月中旬、大岐の前を流れる滝谷川の川床で、カジカガエルが鳴き始める（この日は朝5時、岩下の堰上げ）。大岐では、ハルゼミも鳴き出す。コナラが葉を出し始め、ブナの花がたくさん林床に落ちている。茎に綿毛をまとったカクマ（標準和名・ヤマドリゼンマイ）も出ている。勢いのあるカラムシもいくつか芽を出している。

カラムシの芽吹き

1坪ほどを掘り上げる

わが家で大畑と呼ぶ圃場は、標高730mの傾斜地にある砂壌土の上畑（良い畑）。かつて「を」とカラムシを輪作した場所で昭和30年代からは葉タバコをずっと栽培していた。この畑は最近では野菜（馬鈴薯等）をずっと栽培していた。雪どけ後の5月連休からトラクターで耕耘し、発酵鶏糞15kgを2袋散布している（30kg）。面積は1a相当。

5月17〜18日にモト子さんの畑隅のカラムシを1坪ほど掘り上げ、根を切り苗をつくり、新しい畑（大畑と呼ぶ、昔わが家でカラムシを植えていた場所）1a（約13m×約8m）に定植した。1ウネ（畝）に40〜70本植え、25ウネとなった（1500本）。ウネ間は30cm、株間は20cm。鍬で溝を切り、そこに苗を斜めに置き、次のウネを切り（掘り）ながら、その土を根を並べた溝に掛けていく。「ホッカケ（掘掛）植え」という。

最後に、落葉と昨年秋に刈ったカヤ、ヨシを敷藁と

カラムシ掘り。モト子さんの畑から掘り取ってあった根を切って、苗にして移植

ホッカケ植え。うね間30㎝、株間20㎝。鍬で溝を切り苗を斜めに置いて、ウネを切りながら根元に土を掛けていく

掘り上げた根を切って苗にした

植え付け後に、敷藁の代わりに落ち葉とカヤやヨシを敷いた。カヤとヨシは秋に刈り取ったもの

標高730mにある畑。前は葉タバコ畑だったところ。最近は野菜を栽培。雪どけ後、5月の連休に耕耘し発酵鶏糞を散布。「ホッカケ（掘り掛け）植え」で植える

した。晴れが続くようなので、水をタンクで200Lほど運び、動力噴霧器で散水した。

定植（植え付け）1年目は、草むしり（除草）を3～5度ほど行なう。この草むしりが以後の生育に大きな影響を与える。カラムシ栽培では定植年の管理は除草が大切な作業である。2年目以降も春最初に除草を行なう。

定植より2カ月ほど経過した7月21日には草丈が60～80㎝になる。定植年には、大人の腰の高さくらいに伸びないと、2年目に刈り取る「アラソ（新苧）」はよい「カゲソ（影苧・陰苧）」にならないといわれている。

降霜でカラムシは葉を落とし、初雪が降り、根雪になるが、

7月21日。草丈は60～80㎝

11月15日。初雪

畑のカラムシはそのままにして雪を当て、雪の下になる。11月15日の午後から東北全域で初雪となり、大岐でも雪になった。

●2年目のカラムシ（収穫開始）―2012年

前年5月にカラムシの根を掘ったモト子さんの畑の隅に植えてあるモモノキが白い花を咲かせた。大岐でカラムシ焼きは、降霜の心配がなくなり、畑隠居のモモの白い花が咲いた頃が指標となっていた。

モト子さんの畑のカラムシも芽を出し始めている。わが家では昨年秋にカヤカリをしていないので、野のボーガヤ（ススキ）を「ヒロイガヤ」して焼草とした。ボーガヤは雪で倒されているものをカマで掻き立て、根元から切り、集める。軽トラック荷台に付けて大畑に運搬した。

類焼防止のための廃棄波トタン板を並べ、18㎜の直管パイプの支柱で止めた。

5月21日、午前に前年の枯れ枝等をカマで掻き立て、乾燥を促し、午後にカヤを敷いた（焼草とするもの）。本来はコガヤ（オオヒゲナガカリヤスモドキ）を使用した。

22日夕方、風が収まってなぎの状態になり、風下（この日は斜面上から）からカヤに火をつける。カラムシ焼である。灰が飛ばないように動力噴霧器で焼けた跡に水を散布する。最初に発芽したカラムシは芽が焼け、再萌芽するが、遅れている芽と

根を掘ったモト子さんの畑の隅にあるモモの木が白い花を咲かせる

モト子さんの畑のカラムシの芽吹き

5月21日。前年の枯れ枝などを鎌で掻き立てて乾燥を促進し、午後にはカヤを敷いて焼き草の準備をした

5月22日夕方。風もおさまったのでカラムシ焼きを始める

一斉に茎立ちしてくる。

畑には芽が出ようとしているので、踏み跡を付けないよう気をつけて油粕主体の有機配合肥料（葉タバコ用の8‐8‐8）を10kg、速効性肥料となる発酵鶏糞15kgを2袋、焼いた畑に散布する。その後、稲ワラで敷き藁をした。

翌日の5月22日に、畑周囲に鉄管パイプを打ち込み、防風ネットをまわし、パッカーで止めた。

父が小野川の親戚宅（叔母のフデ子さん）の居宅近くの土手にやとって（養生して）あった小野川種のカラムシの苗（根）を新たに植えた（0・5aほど）。

7月26日の生育状況は、新しく定植した小野川種のカラムシ

醗酵鶏糞を播き、稲ワラを敷き藁にする

防風ネットを張りパッカーで留める

7月中旬からカラムシ刈りを行なった

小野川種のカラムシの苗（根）を0.5ａほど植える

カラムシ引き前のカラムシ

7月26日。小野川種は60㎝、2年目の収穫となる大岐種は2mに近い草丈となっている

は60cmほど、2年目のアラソ収穫（初収穫）となる大岐種のカラムシは2m近く生育している。

7月中旬からアラソ刈り取りを行なった。よい出来であった。秋に収穫したカラムシは、村の鎮守に奉納した。

カラムシは大岐の品種を残すために、生業のひとつとして行なっており、販売は行なっていない。原料繊維から、冬に、糸を績み、紡ぎ、イザリバタ（地機）で布を織り、自分が使う小物（ブックカバー等）を製作している。

●3年目のカラムシ―2013年

5月21日、カラムシ焼。

小野川種カラムシの2年目

カラムシ引き。2枚引きしたところ

6月16日の小野川種カラムシは2年目。大岐種のカラムシは3年目。

7月14日よりカラムシ刈り取り、カラムシ引きを始める。

9月2日にカラムシ引きを終了し、バンジマイした（オヒキバン等、道具を片付けること）。

●4年目のカラムシ―2014年

2月26日、250cmの積雪深。

洋子さんが、カラムシの糸づくり、機織りをするために必要である、というので、「オツムギワク（糸車）」「ウシワク台」を天井裏から出した。記録映画『からむしと麻』で、祖母トシがアサ

3年目になる大岐種のカラムシ。カラムシカギの代わりに防風ネットを張っている

3年目になる大岐種のカラムシ。生育も順調な7月中旬の草姿

糸、布づくりで、使用していたもの。亡くなってから天井裏にしまわれていたものである。約30年ぶりの道具の登場である。この「オツムギワク」と「ウシワク台」はわが家で、江戸時代から使用されてきたもの。

5月30日、カラムシ焼き。31日敷き藁。マイマイガの幼虫大発生。

7月23日よりカラムシ刈り取り、カラムシ引きはじめ。通常は旧盆頃で引き終わるが、この年は、二番苧も引き、9月21日に引き終わり。

●5年目のカラムシ―2015年

5月21日にカラムシ焼き。

7月7日、大雨でカラムシが倒されたので、それを刈り取り、9日から引き始める。

8月2日、3日、カラムシ引きの道具、「カナゴ(金具)」を、父・清一(80歳)が、古いノコギリの刃を加工して、クルミ材の取っ手を付けて2個制作した。それを使用して洋子さんは引いてみる。父は、かすみ草の水揚げバケットが破損したプラスティックを切断し、ヒキイタも制作した。23日に陰干ししたカラムシをまとめ竿からはずす。

10月23日、カヤカリ。24日コガヤ移植・種子散布。

●6年目のカラムシ―2016年

4月3日、からむし織の作業。4日、からむし織で、地機のオサ(筬)の隙間に糸を通すオサドオシ後の作業にかかる。オサの向こうにあるアヤを手前に移すアヤガエシのほか、オマキに経糸を巻く。経糸のたるみを直すアクトヨセを行なう。

大芦等で6月3日朝に降霜があり発芽したカラムシが被害にあった。

7月6日の大雨でカラムシ倒される。

7月9日よりカラムシ引き始まる。洋子さん入院し、28日に退院のためカラムシ引きは休む。

●7年目のカラムシ―2017年

7月9日午後3時40分から20分間ほど、大岐地区で降雹がある。直径1㎝ほどの氷の玉がたくさん降る。風雨も強く、カラムシの一部が倒された。

7月14日、カラムシ引きを始める。

九州・南西諸島・台湾での カラムシ栽培・繊維引き出しまで

●台湾の現在のカラムシ

２０１７年11月25日に、台湾島の南東に位置する台東市延平郷桃源村にある、阿布糸織布工作坊が経営する約５００坪の平地畑のカラムシ畑を視察した。伝統的には斜面の畑を利用していた、という。布農人（ブロン人、日本語表記ではブヌン人とすることが多いが現地ではブロン人といわないと通じない）の伝統を引き継ぐ、邱春女氏とその父親のアブスダ氏（77歳）から話をうかがった。通訳は馬芬妹氏にお願いした。ブロン人はカラムシ（苧麻）をリブンと呼び、収穫は5月、7月、9～10月の年3回である。

台湾・台東市のカラムシ畑

台湾のカラムシ栽培の管理技法では、畑の中で生育中のカラムシの「葉落とし」を行なっている農園を初めて観察した。昭和村では「カラムシ焼き」をして畑周囲に垣を結ったあとは中に入らない、入ってはいけない、と教えられる。畑内の土を踏むと根が傷む、生育中のカラムシに人が触れてしまう、というのがその理由である。圃場（畑）で、生育中のカラムシの葉落としは、日本国内では行なわれていないと思われる。

台湾では、カラムシの丈が大人の肩くらいの高さ、80～１００cmに伸びたとき、およそ上位2割の成長葉を残し、下部の８割の葉を落としている。右手（あるいは利き腕）の手のひらで思い切り上から叩いて落とすため繊維にキズは付きにくいという。その後も成長を続け２００～２５０cmまで伸びる。そして根本からカマで刈り取る収穫作業になる。

カラムシ引きの竹管（台東）

灰汁処理後のカラムシ繊維（台東）

刈り取り後、畑で外皮を剥き取る。その後、自宅近くに剥がした皮を持ち帰り、竹管の道具の割ったすき間にカラムシの皮を挟み、外皮をこそげとって乾燥する。竹管のカラムシ引き道具はハルタップと呼び、竹を切ってきて煮てから加工する(タイヤル族は生竹)。割れないようにビニルテープで補強してある。この後、乾燥した繊維を灰汁で煮てから次の作業に移る。

日本国内の繊維加工(手仕事)に関わる人たちに、この灰汁でカラムシ繊維を処理することを提案すると、否定される。シャリ感がカラムシの良さであり、灰汁処理などは邪道であると語る人も少なくない。布の用途によっては、灰汁処理は大切な技法であり、繊維の可能性を高める技法といえるが、日本国内でのカラムシ利用では行なわれない。沖縄では芭蕉の繊維取得のなかで灰汁処理を行なうが、かつては自分用の衣類では、灰汁処理をしていたのかもしれない。

台湾の原住民族(少数民族のことを台湾では原住民と呼称することが一般的であり、ここではそれに従う)のカラムシ(苧麻)利用のあり方を見てみると、日本の私たちが、学ぶことがたいへんある。それは、日本国内ではあまり行なわれない、カラムシ繊維を灰汁で似て、揉み、打ち、柔らかくしてから糸に裂いて績むという手法であり、これは歴史的な技法といえる。

岡村吉右衛門の『日本原始織物の研究』には、「台湾山地では苧麻がすべて灰汁で処理される。日本で灰汁を使うのは、楮(コウゾ)、穀(カジ)、藤(フジ)、シナノキ、ボダイジュと木本類の繊維であり、琉球列島の葉脈繊維の芭蕉、アダン、ユフナである」「灰汁で煮ない苧麻の繊維を白水(米のとぎ汁)に漬けるのは、琉球列島、それも先島(宮古、八重山両群島)地方で一般的に行なわれている繊維の仕上げ方法である」とある。「麻(アサ)のような繊維は、績むことで繊維が採れるが、繊維の結束のかたいものでは、灰汁で煮て樹液その他を取らなければならない。灰汁を使うのは、相当に高度な知識である。灰汁処理は精錬の名で呼ばれるが、染料の使用方法とも関連をもってくる。この技術が日本で自然発生したか、あるいは(朝鮮)半島なり、中国から輸入されたものであるかは、明らかでない」という指摘もされている。

私の暮らす奥会津のあり方でみると、台湾のカラムシの灰汁処理は、アサ(地元では、「を」と呼称する)の前処理方法とほぼ同じ技法である。それは、アサは繊維段階で「米糠」で煮て、揉んで、床に強く打ち付けて、柔らかくしてから糸に加工する。アサは粗剛で硬いと思われているが、アサ布でつくられた衣料は、使用による経年変化で肌になじむ良質の繊維である。また農作業でアサの衣料を着て水田などで仕事をしたとき、濡れても水切れが良く、アサの衣料を超えるものはないといわれる。

一方、カラムシはその繊維の質を活かした利用として日本でも前処理を行なわないことが多い。風合を活かすという名の下

で、発展性がなくなっていると思われる。織った布を構成する糸を馴染ませることとして八重山や宮古島などでは木槌で叩いて柔らかくする砧打ちが行なわれているものの、カラムシの繊維原料の時点では柔らかくするという手順や着想はない。

台湾ではカラムシ繊維を灰汁で煮る、揉む、打つ(叩く)という前処理を行なうことで、繊維の可能性をかなり高めていると考えられた。また台湾でカラムシ繊維は自分で加工して自分たちが着用する衣料などとしてきた太い歴史があった。柔らかい布が必要であったため灰汁処理が行なわれたのであろうと考えられる。それはすべてカラムシ繊維を灰汁処理するわけではなく、布にするための素材繊維では行なうからである。

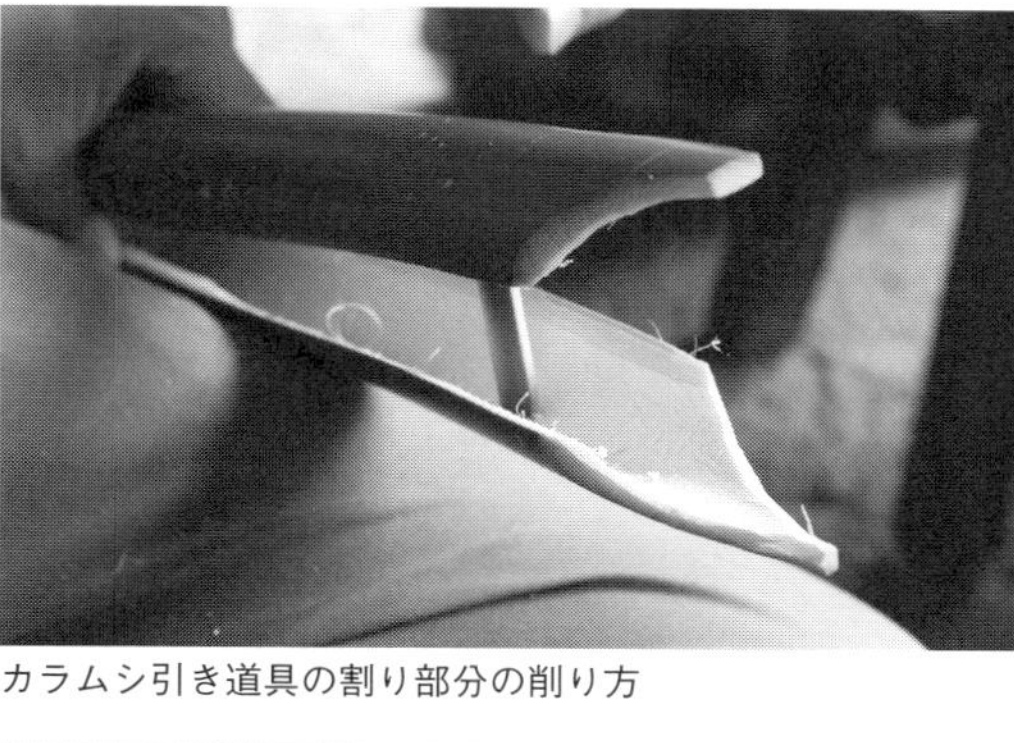
カラムシ引き道具の割り部分の削り方

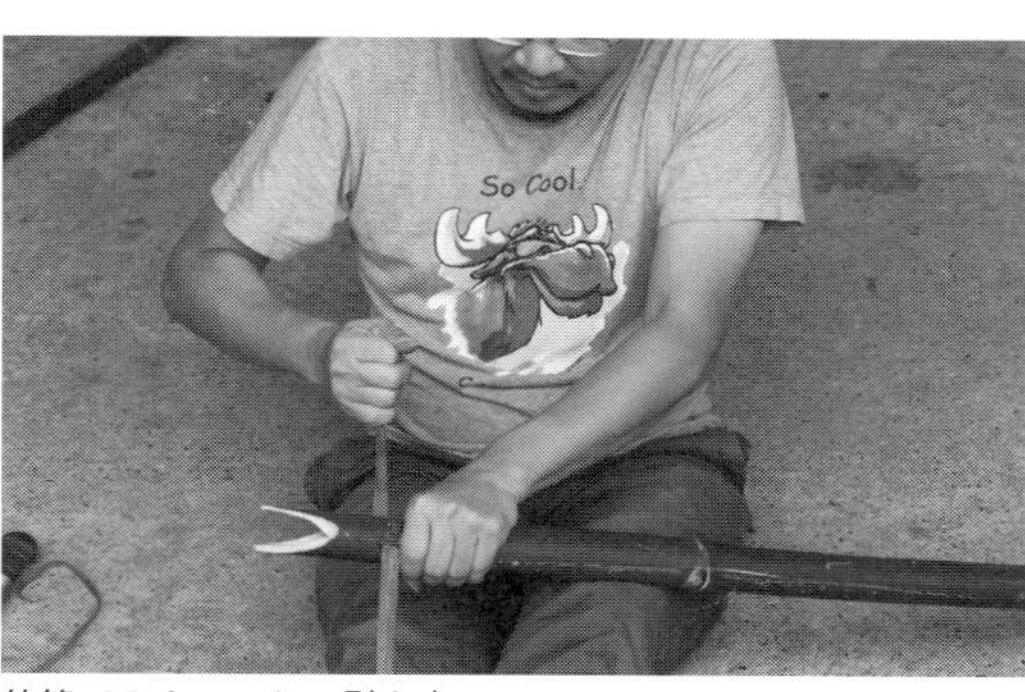

竹管でのカラムシの引き方

日本国内、奥会津の昭和村ではカラムシ繊維は販売し、自ら自家用で使用する布・衣類に仕立てるのはアサであり、それは柔らかく前処理をしてから糸に績んで、布に織っていた。自ら着用する日常の衣料としては肌へのなじみ具合が重要であったと思われる。

販売品としてのカラムシ繊維(青苧)は「キラ」と呼ぶ光沢やつやなど、商品価値は裂いてみて細く裂けるか、裂け具合、繊維が短く切れないかも判断のひとつであるが、外見、軽さ、繊維を振ったときの音などで決められている。

カラムシを剥ぐ竹管(直径3～5㎝ほどの割り竹)を使うこと、灰汁処理は、用途により使用してもよい技術である。そして畑のカラムシの葉落とし作業とその意味、行なう時期の究明が必要である。

台湾タイヤル族のカラムシ根掘り

●石垣島のカラムシ栽培

沖縄県石垣島で現在のカラムシ栽培は、屋敷内の塀に面して細長い区域をコンクリートブロックなどで仕切り、根が屋敷内に伸びないようにして、1～2坪のカラムシ(ブーと呼ぶ)の根を植えて畑としている。カラムシは、塀の高さ沿うように育つという。これを1年に3回収穫している(3月、6月、10月)。3～6月は繊維の質がよく「ウルズン(ウリズンのこと)ブー」としている。刈り取り後40～45日で次を刈り取るが、現在は42日を目安としている。組合のカラムシ畑はスプリンクラーで散水(かん水)を適宜行なうことで良い質の繊維がとれるようになった。天候を見て雨が降らない時期は毎日適量をかん水している。ただし収穫予定日の2日前に水やりは止める。

堆肥としては牛糞堆肥を入れるが、あまり投入すると繊維が硬くなるという(宮古島では山羊の糞の堆肥を入れるとよいとも聞く)。

刈り取りはカマを使用していたが、現在は剪定ハサミを使用している人が多い。すべてを1日で収穫する(全刈)。根本をニー、先端頂部をスラという(昭和村ではモト、ウラ)。刈り取ったカラムシは1本ずつニー(根本)を持ち、スラに向けて葉をこき落とす。通常はスラを持ちモトに向け葉をこき落とす。昭和村でもウラ(先端部)を持ち、モト(根本)に向けて葉をこき落とすとしている。石垣島でもそのようにしているが、ニー(根本)側から葉を落とした方が繊維の剥がれ、キズが少ないので、現在はその方法を採用している人もある。またスラ(先端部)でちぎれたら、それで長さとする。切り揃えない。概ね60～10

石垣島の屋敷地内のカラムシ畑2

石垣島のカラムシ畑

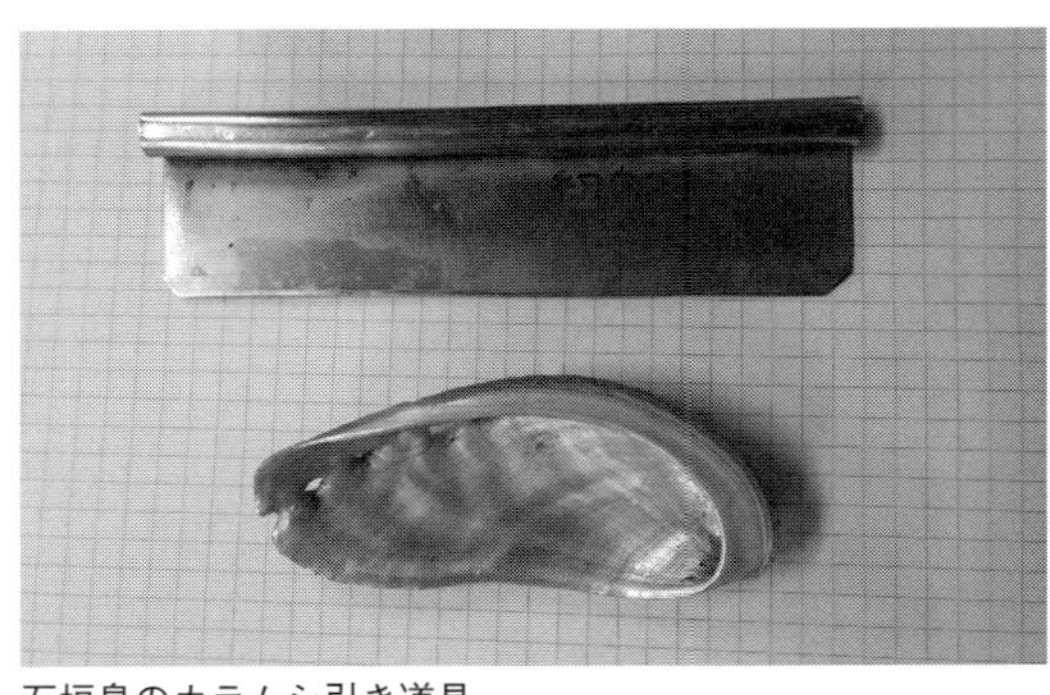
石垣島のカラムシ引き道具

マーニーの葉を親指に巻く

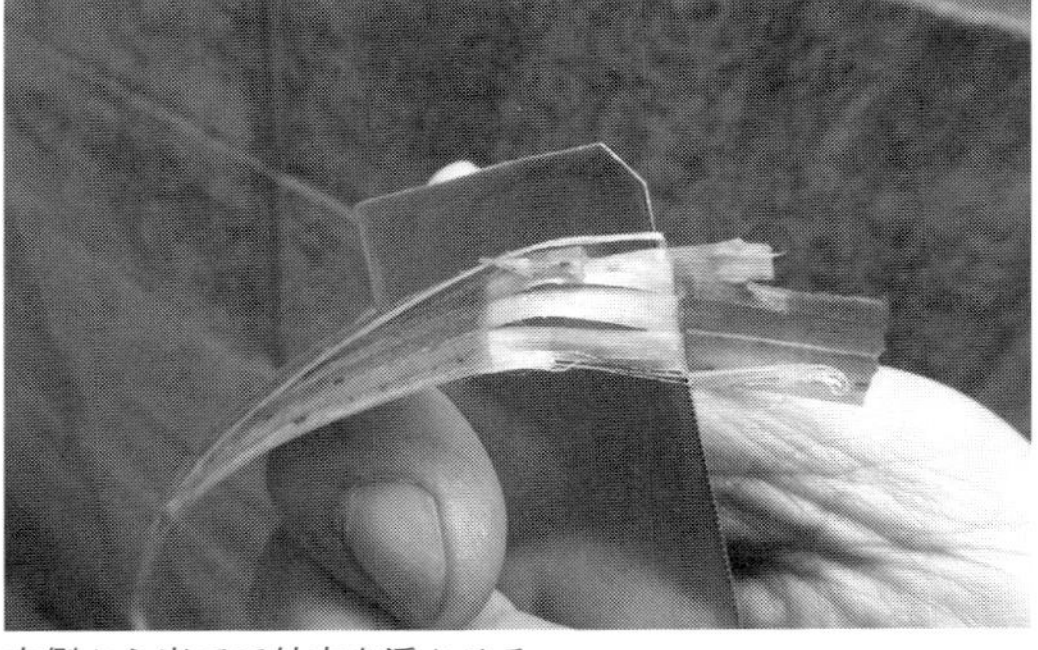
内側から当てて外皮を浮かせる

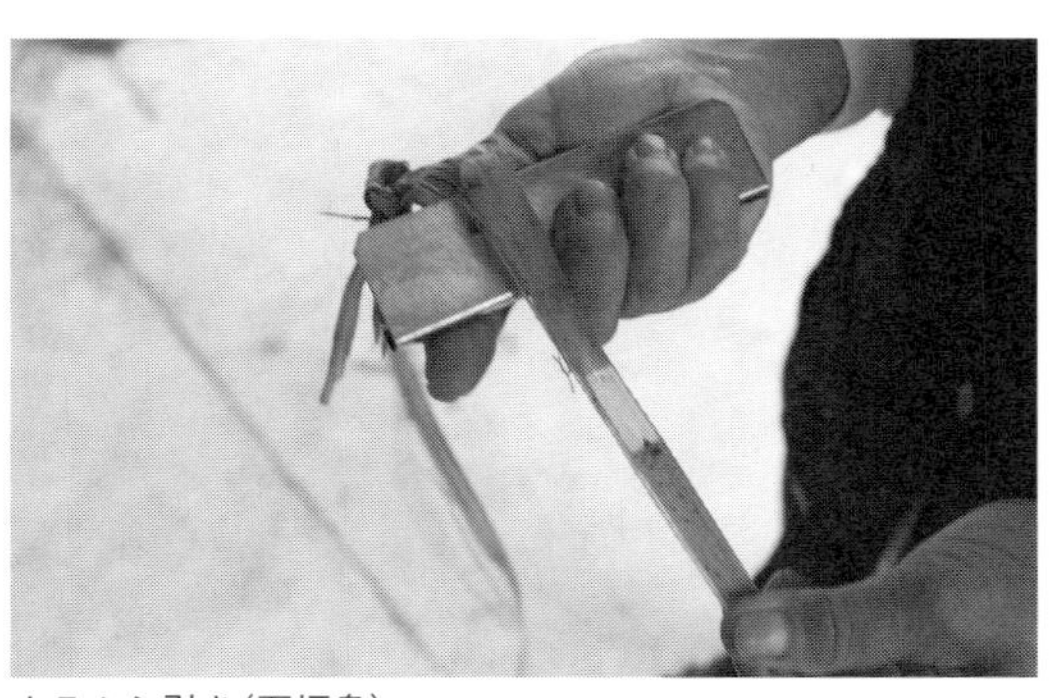
カラムシ引き（石垣島）

引き方（石垣島）

マーニー（クロツグ）の葉

０㎝になる。

皮を２枚に剥ぎ、その皮を水に浸ける。それを取り出しながら金属製の道具（パイ）で、皮の内側に刃を当て、外側の皮を剥ぐ。次に外側に刃を当て動かす。持ち替え残った皮も同じように剥ぐ。金属製の道具は竹製の場合もあったようで、貝殻の刃を使うこともあったようだが、現在はほとんど使用しない（宮古島ではミミガイ貝刃を使用）。

引いたカラムシの乾燥は重要で失敗するとカビが生える。風あたりの良い場所で竿に干して、雨に当てないように４日ほど陰干しするが、その後はエアコン（冷房）のある室内で乾燥することが乾燥を進ませ、カビが発生することがない。

引き終えたカラムシ（石垣島）

●宮古島のカラムシ

石垣島、宮古島とも、カラムシ栽培・生産を共通とすることから、昭和村との交流が続いている。２０１７年９月には、奥会津書房（奥会津三島町）の遠藤由美子氏の案内で、石垣市織物事業協同組合の平良佳子氏、上原久美氏、浦崎敏江氏が視察に

宮古島のカラムシ

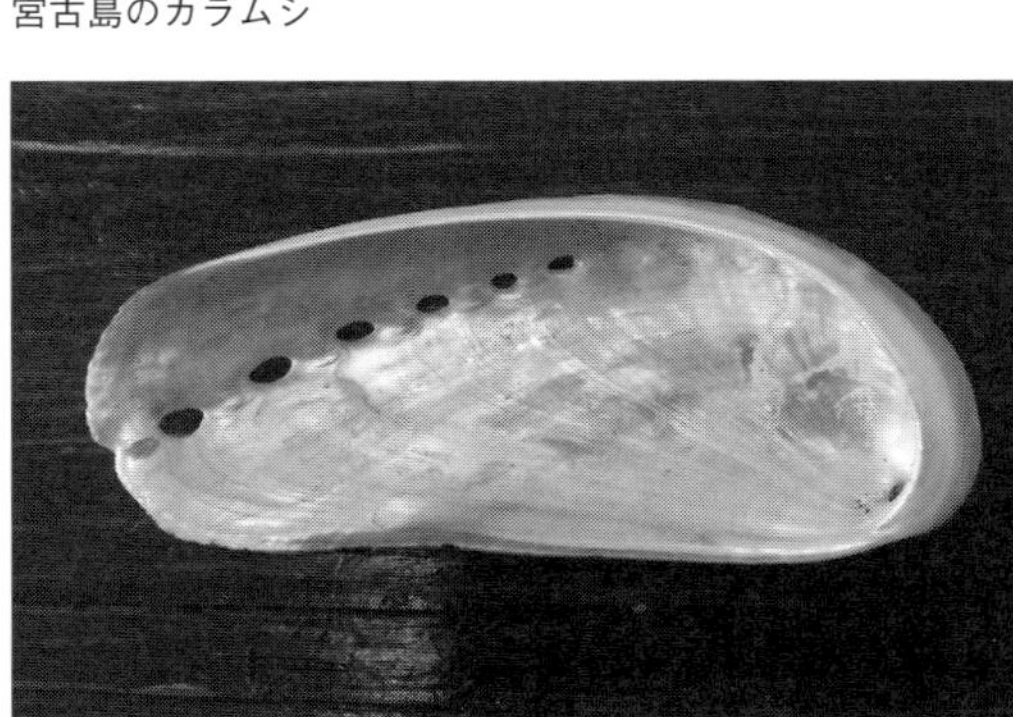
引き道具になるミミガイ（宮古島）

来村された。

『平良市史第7巻民俗編』によれば、宮古島で上布生産のために栽培しているカラムシ(苧麻)には3種類があり、アオブー、アカブー、シロブーと呼ぶ。ブーとはカラムシのことである。35日から40日で刈り取り、年5～6回収穫していることがわかる。

２０１３年２月３日午後、沖縄県宮古島市中央公民館で、カラムシ(苧麻)を使用した布生産、宮古上布などのシンポジウムが開催された。そこで展示された花城良廣氏による宮古島内の苧麻分類は13種となっていた。

またその後、宮古苧麻績み保存会は『改訂版おばあたちの手技～宮古諸島に伝わる苧麻糸手績みの技術～』を発刊した。35頁の本書はたいへん優れたもので、ミミガイでカラムシ(ブー)引きを行なう分解写真などを含め、細部まで理解しやすく、導入しやすい内容になっている。

カラムシの刈り取り時期は、2月の初めに伸びているカラムシを全刈して、後に出てくるものから利用している。収穫は3～10月まで。3月下旬から5月末までが一番品質のよいカラムシ(うりずんブー)が採れる。35～40日を目安に刈り取る。台風が来る場合、前回の刈り取り時期から30日程度経過していれば収穫する。刈り取り時期の目安は日数のほか、下葉が2～3枚黄色になり、根本が10㎝くらい茶褐色になった頃とする。布用としない場合は冬の物も収穫利用できる。

またミミガイがない場合には、スプーンや物差し、竹べら、ムール貝などを使用してもよく、いずれも手に会った大きさのものを使用すると、同書では助言している。

カラムシを植える場所は、１５０㎝四方ほどのスペースでよいとし、集合住宅の場合は深めのコンテナや植木鉢でも育てられるので、気軽にカラムシを栽培してほしいと記載している。10～2月までが宮古島でのカラムシ根の植え付け時期となっている。

屋敷内にカラムシを植える場合は、午前中に日が当たる東側あるいは南側、風は当たらない場所がよいとしている。

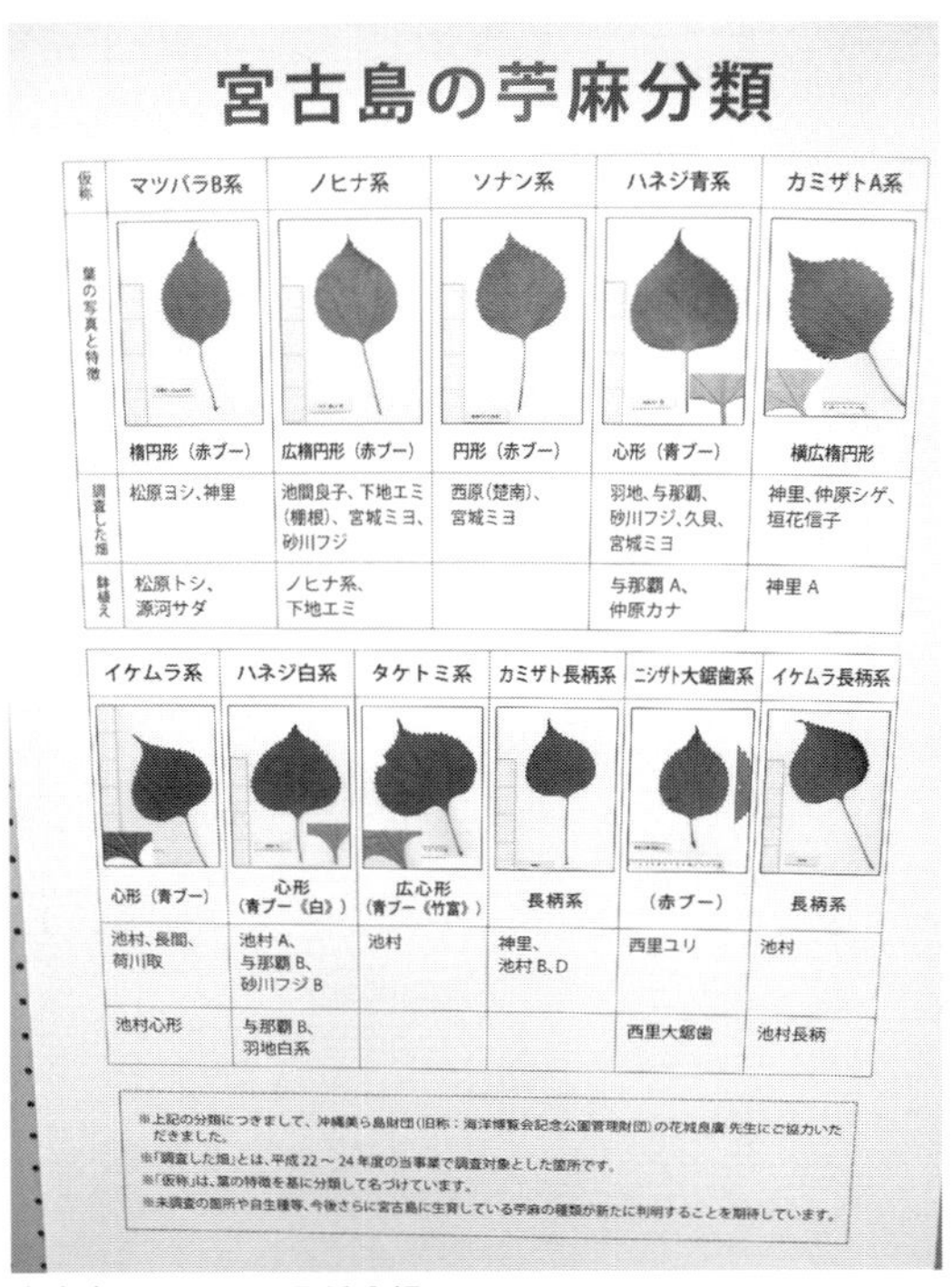

宮古島の苧麻分類

仮称	マツバラB系	ノヒナ系	ソナン系	ハネジ青系	カミザトA系
葉の写真と特徴	楕円形（赤ブー）	広楕円形（赤ブー）	円形（赤ブー）	心形（青ブー）	横広楕円形
調査した畑	松原ヨシ、神里	池間良子、下地エミ（棚根）、宮城ミヨ、砂川フジ	西原（楚南）、宮城ミヨ	羽地、与那覇、砂川フジ、久貝、宮城ミヨ	神里、仲原シゲ、垣花信子
鉢植え	松原トシ、源河サダ	ノヒナ系、下地エミ		与那覇 A、仲原カナ	神里 A

イケムラ系	ハネジ白系	タケトミ系	カミザト長柄系	ニシザト大鋸歯系	イケムラ長柄系
心形（青ブー）	心形（青ブー《白》）	広心形（青ブー《竹富》）	長柄系	（赤ブー）	長柄系
池村、長間、荷川取	池村 A、与那覇 B、砂川フジ B	池村	神里、池村 B、D	西里ユリ	池村
池村心形	与那覇 B、羽地白系			西里大鋸歯	池村長柄

※上記の分類につきまして、沖縄美ら島財団（旧称：海洋博覧会記念公園管理財団）の花城良廣 先生にご協力いただきました。
※「調査した畑」とは、平成22～24年度の当事業で調査対象とした箇所です。
※「仮称」は、葉の特徴を基に分類して名づけています。
※未調査の箇所や自生種等、今後さらに宮古島に生育している苧麻の種類が新たに判明することを期待しています。

宮古島のカラムシ品種分類

それは生育するカラムシの植物の幹(茎)が風になびいて、別のカラムシの幹に当たったり、こすれたりするとそこがキズとなり繊維が茶褐色に変色することがあるからで、どこの産地でも風には気を付けていることがわかる。一方で、旺盛な生育時期に雷雨を受けるとカラムシが倒されることもある。多肥栽培だと軟弱となり倒されてしまうことも多い。

昭和村はカラムシ畑、繊維取り出しのオヒキバンをはじめ、装置・道具類が多数存在し、それはある時期に産業として暮らしの中心にあったためなのだが、大がかりに感じる。しかし宮古・八重山・台湾のカラムシ道具は必要最小限である。

カラムシ引き具、たとえば石垣島の金属製の道具(パイ)は、手のひらに合う大きさのものをつくって使う、また親指にマーニー（クロツグ）の葉を巻く、布を巻くなどして緑色の水を押しだし、指も護る。

【宮古島のカラムシ栽培の実際】

これまで紹介したように、住宅敷地内で小面積カラムシを栽培する、あるいはプランターや植木鉢などで栽培することで導入が始めやすい。

あるいは小面積の畑のほとり(隅)に数列、根を伏せ込むことで2年目から繊維取得が可能となる。この場合の施肥などはあまり多用せずに成長を見て追肥をすることがよい。

1a規模(10×10m)の場合、油粕主体の有機配合肥料(NPK8-8-8程度)を10～20kg、発酵鶏糞を15～30kg施用すればよいが多肥とすると草も大量に生育するので注意が必要である。

カラムシの根は地域にある田畑近くに自生しているものを、よく選んで導入、あるいはすでに品種に相当する株を持っている人から数株分けてもらう。吸枝を15～20cmに切って斜めに植えればよい。

問題になるのは、収穫時期である。目的とする繊維の質は、収穫時期で変わる。それを考えながら試行していく。

美しいきらのある繊維でなくとも、充分に目的に合う繊維に加工ができるが、それは繊維の充実度(つまり刈り取り時期の選定)である。

また宿根草であることから年に2～3回の収穫が可能であるので、小面積でもよい。

昭和村でも年に2回収穫していた時期があるが、現在は7月～8月上旬の1回しか行なっていない。二番苧は少し短いものの繊維の質も良い。

また取り出した繊維の灰汁処理や米糠で煮るなど行なうことで繊維の柔軟度は変えることができる。これまでの産業的大規模生産に縛られた見立て、農法に縛られないことが大切である。

カラムシの根は生育旺盛なので土地を占有してしまうことも多い。その場合、掘り上げて、根株を畑の外に出さないと次の作物を導入できなくなるので、古材などで根が脇に広がらないように仕切るなどの対策も必要である。一般的には種子散布ではそれほど発芽しないので、根を植える場合には、栽培を止める場合のことを考えて導入すべきである。

●高千穂町のカラムシ

宮崎県高千穂町では古くからアサ類を栽培してきた経緯がある。２０１５年12月14日、世界農業遺産認定後、神楽衣裳などに使用するアサ類の栽培について議論・検討をしてきた。許認可の関係もあることからアサの栽培はすぐに結論を出すことが難しい現実がある。高千穂町伝統農法研究会の高藤文明会長らは、２０１７年11月13～15日に昭和村に来村された。カラムシ栽培について調査された後、さっそく同年12月20日に高千穂町岩戸の五ヶ村地区の高藤文明会長が所有するの「ムカイクボ」と呼ぶ畑の土手に自生しているカラムシを掘り、根(吸枝)を集め、「イチノハル(いちの原)」と呼ぶ高藤氏所有の畑にカラムシ苗を定

自生カラムシ植え付け(高千穂)

高千穂町での糸績みワークショップ

高千穂の自生カラムシの吸枝(根)

植した。これまで糸づくりの聞き取り調査や、糸績みワークショップも行なっている。カラムシの地産地消を目指しての取り組みが新しく始まっている。宮崎県内には、かつて、カラムシ(ラミー)の試験場である川南試験地があり、産業用カラムシの原料栽培県として日本一の栽培面積を擁していた。当地ではカラムシを「かっぽんたん」「ラミー」と呼んでいる。

●諸外国における苧麻栽培の沿革

農林水産技術会議編『苧麻に関する川南試験地30年の業績』(1963年)に以下の記述がある。半世紀前のカラムシ栽培の広がり具合を見ることができる資料である。

◎中国

中国では周秦時代に栽培が行なわれ繊維製造法を案出し、織物原料として優秀なので需要ははなはだ多かった。苧麻工業が盛んになって世界的に原料が不足した際、中国は広い栽培適地と巧妙な剥皮技術を有し、労賃が安いので、栽培が盛んで世界における唯一の原料供給地となりChina grassの名で世界に知られている。主産地は揚子江中流の湖北、湖南、江西、四川で1951年の推定年産高は6万8000tである。このうち3分の2は国内で消費され、残り3分の1が輸出されている。国内消費用としては大部分のものが手織の上布、船具、農耕用索類に用いられ、一部は近代紡績工業原料となっていた。中国産の苧麻は輸出品の検査格付が政府で規定した基準により厳正に行なわれているので、現品の規格については信頼できるものである。

◎朝鮮

朝鮮でははなはだ重要な作物であり、その栽培も相当多いが、南鮮地方、とくに温暖な地方に栽培され、その主な産地は慶尚南道、全羅北道および全羅南道である。

◎台湾

台湾においてはオランダ人渡来前より苧麻を栽培し、手剥で自家用麻布を織り、自給自足しており、繊維収穫高は1200t内外であった。主産地は台北、宜蘭、新竹地方と台南、高雄両州の山間部である。年産高は戦前7000tであったが戦後の状況は不明である。台南農事試験所において、ラミーの茎葉を飼料としても利用できるよう、繊維作物としてばかりでなく飼料作物にもできる品種を育成し、山間部に導入するようにしている。なお、日本における現在の品種は台湾原産の品種を改良したものが主体である。

◎フィリピン

ルソン島北部において、台湾からの移住者が昔からラミーを栽培し、自家用に使用していた。1907年頃ダバオ在住の日本人が荒廃マニラ麻園の更生のため日本からラミー苗を移植し、次第に面積を拡大し、1941年頃には年産2600tを越える生産をあげ、大部分が日本に輸出されていたが戦後は在留邦人の引揚で栽培地は荒廃した。その後原住民により栽培が再興され、栽培面積2500ha、年間1500tを生産している。政府の保護政策により、買上価格は国際価格を大きく上廻り輸出が困難なので、比島政府は繊維を一括して日本に送り、織布に委託加工して、原料の消化を図っている。

◎ブラジル

ブラジルでの栽培は、1800年頃に仏領アルゼリアから入手した品種の試作が行なわれた。1939年に日本移民が宮崎県より豊産種を導入してから急速に普及してきた。その後日本種の実生からさらに豊産な村上種(細茎青心種に近いもの)が育成され、栽培はいっそう有利になり、邦人間に急速に栽培されるようになってきている。主産地ばパラナおよびサンパウロ両州の北部一帯の地方で、とくに北パラナ地方の在留邦人間にもっとも広く栽培されている。この地方はコーヒーの主産地であるが冬期降霜で被害が多いので、風通しの悪い窪地でコーヒーの代わりにラミーが栽培され、1956年に栽培面積既植6000エーカー、新植3000エーカーとなって繊維生産高は約4000t(国内消費約2600t、輸出用1400t)。国内消費は紡績用、製網用その他600tである。ブラジル産ラミー繊維は日本、欧州に輸出されているが、品質は比較的良好で価格も割安なのでわが国への輸入量は漸増している。

◎アメリカ

アメリカにおいては1855年苧麻苗が輸入され、栽培、剥皮、紡織について研究された結果、栽培適地はフロリダ州、ルイジアナ州などのメキシコ湾治岸地方と認められ、フロリダ州のエバグレードにおいて、他の繊維作物とともにラミーの品種比較試験なども行なわれている。剥皮機はフォール式(ドラム1つのもの)とコロナ式(ベルトに材料を乗せドラムに送り、2つのドラムを通るときに生茎の上部と下部が引渋いて剥皮され大量に処理できるもの)があるが、現在では刈取機と剥皮機を同一トレーラーに装置した高能率のものが用いられている。

1940年から1945年までは栽培面積は4000エーカーに達したが、労賃が高いことと化学繊維の発達のため、その後たいして増加せず、1955年に5000エーカー栽培された。労賃が高いので大規模な固定式自動剥皮機は茎の運搬、剥皮残渣の処理に困難を伴うので、移動式剥皮機が成績優良である。米国産ラミーは全部繊維を水洗するので原料としては優良であるが価格が高く、海外への輸出は困難なため国内向け栽培しか行なわれていない。

◎その他

フランス、タイ、インドネシア、アルゼンチン、イタリア、ビルマ、マレーなどで少量生産されるがこれらの国では国内消費用として栽培されている。

4章

カラムシの繊維から糸をつくる

写真図解　糸づくり（糸績み）

●糸づくり（糸績み）

カラムシ、アサの糸づくりはほぼ同じである。まず、繊維を細かく裂く。繊維の長さは素材の茎の長さに制限されるので、始めに1本ずつ撚りつなげ、苧桶に貯める。これを苧績みという。

次に、湿り気を与えながら紡錘で撚りをかけ、紡茎に巻き取る（撚りかけ）。糸が一杯になると、桛に巻き上げる。桛は、糸を乾燥させて撚りを安定させるとともに、糸の分量を計るための道具である（綛上げ）。桛から外すと、糸が幾重にも輪状に束ねられた綛糸ができている。

図1　右撚り（S撚り）と左撚り（Z撚り）

昭和村からむし織後継者育成事業実行委員会『ハタの油』（2004年）を参考に作成

糸の撚り方法については、JISの繊維用語ではS撚り、Z撚りがあり、ISO（国際標準化機構）にも記載されている。日本古来の「右撚り」は、右回りに撚りをかけることで、英語表現では「左撚り」のことであり、糸目からみるJIS用語では「S撚り」と定義される。日本古来の「左撚り」は、左回りに撚りをかけることで、英語表現では「右撚り」のことであり、糸目からみるJIS用語の「Z撚り」と定義される。

日本や周辺諸国における植物性繊維の製糸法を概観すると、糸を績む方法は、図2にみるように、大きく4通りあり、原則としてZ字方向の下撚りに、S字方向の上撚りをかける。

このうち「2本揃え」の方法は、裂いた繊維2本を平行に揃え、短い方の

図2　麻糸の績み技法（東村純子「弥生・古墳時代における麻布の製作技術」2013年より）

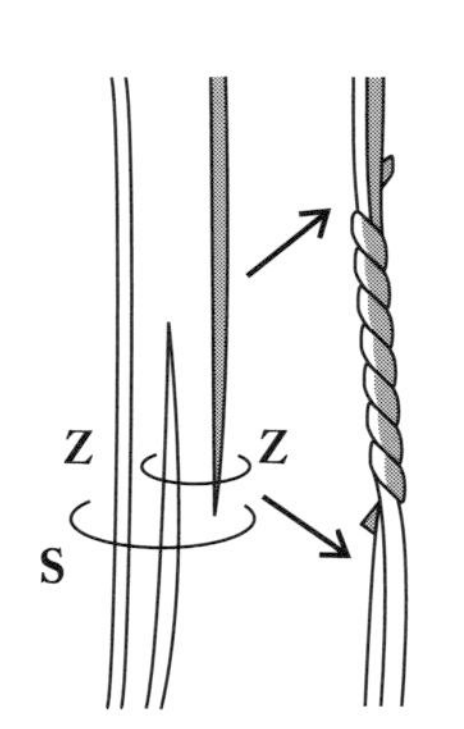

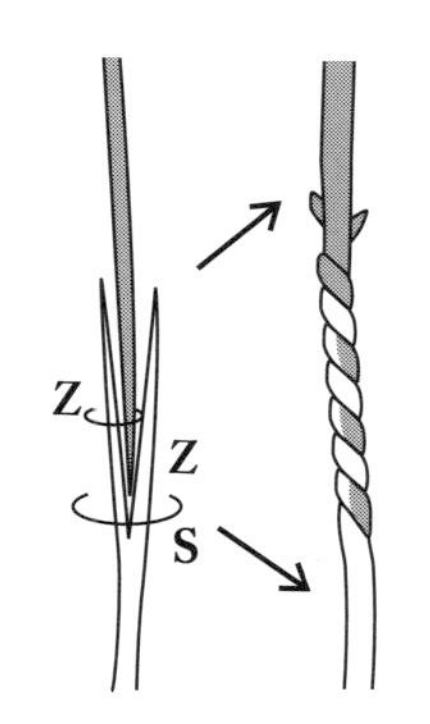

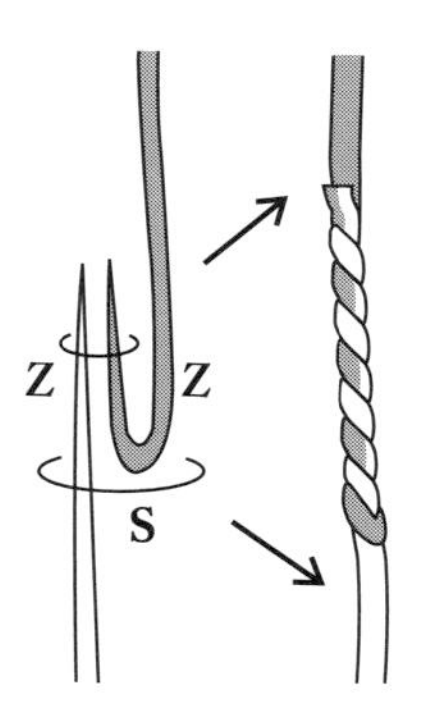

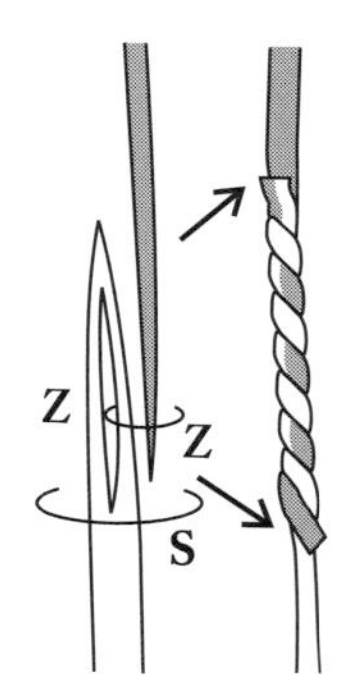

繊維の端に次の新しい繊維の端を撚りついでいく。

2本の繊維で1本の糸を構成するため、他の方法と比べて糸の太さのばらつきを最小限に抑えることができ、機に掛けたときの張力に強い利点がある。

現在、日本各地のカラムシ産地で行なわれている糸績みの技法については経糸、緯糸の繊維のつなぎ方には多様性がある。経糸は強い張力がかかるのでとくに念入りなつなぎ方をしている。

●昭和村の場合

昭和村での一般的なアサ（を）の糸績みの技法を以下に述べる。これが基本となりカラムシの糸績みとなっている。

【糸績みの手順】

カラムシ繊維にはモトとウラがある。根元の方をモト（根元、アタマともいう）、茎の先端部の方をウラ（末、スエ）と呼んでいる。

①カラムシ繊維のモト（根元、アタマ）をブラシで細かく裂く（❶、❷）。

②束になったカラムシを小束に分ける。産地により形状が異なり、直接必要分を手に巻きとる「手がらみ」とするところもある（❸）。

❶

❷

❸

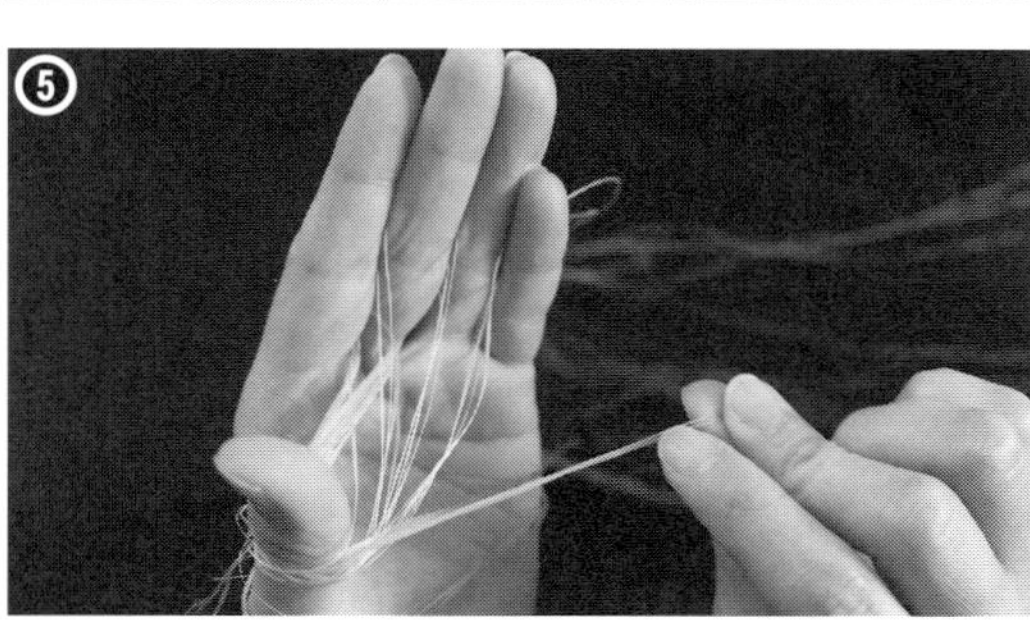

❹

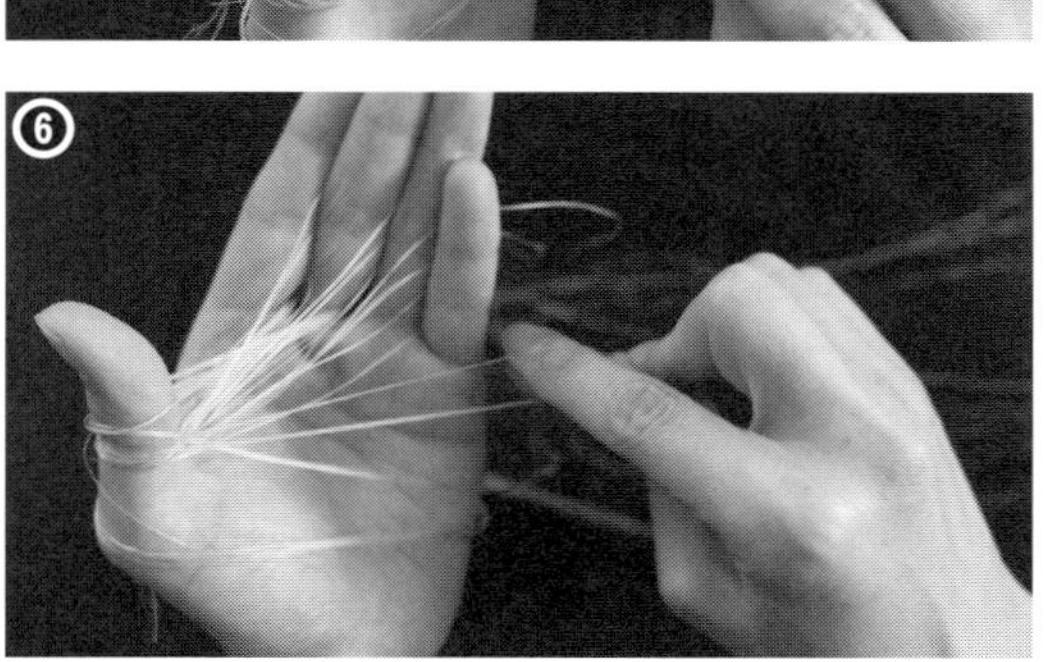

❺ ❻

③これから裂く分を、ぬるま湯に浸して余分な水分をとる。左手の親指と人差指の間に根元を挟み、中指と人差指の間に絡んで掛ける(❹)。

④必要とする太さに裂いていく。右手の人差指や、左手の薬指、小指の爪を使って裂く(❺、❻)。

⑤裂いたものは1本ずつ左手の指の間に掛けていく(❼)。

⑥全部裂いたら、右手に持ち替えて、まだ裂けていない

❼

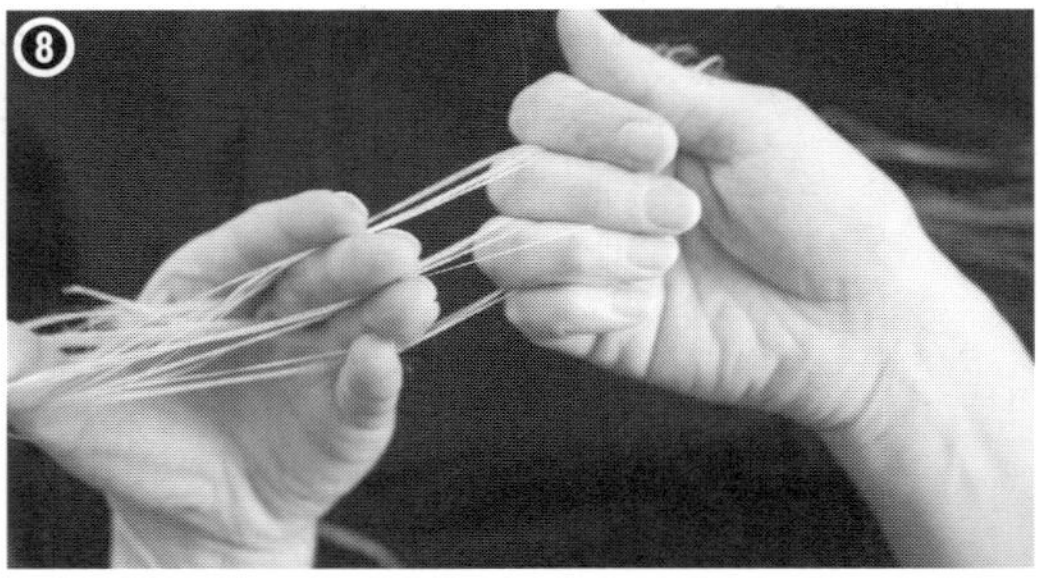

❽

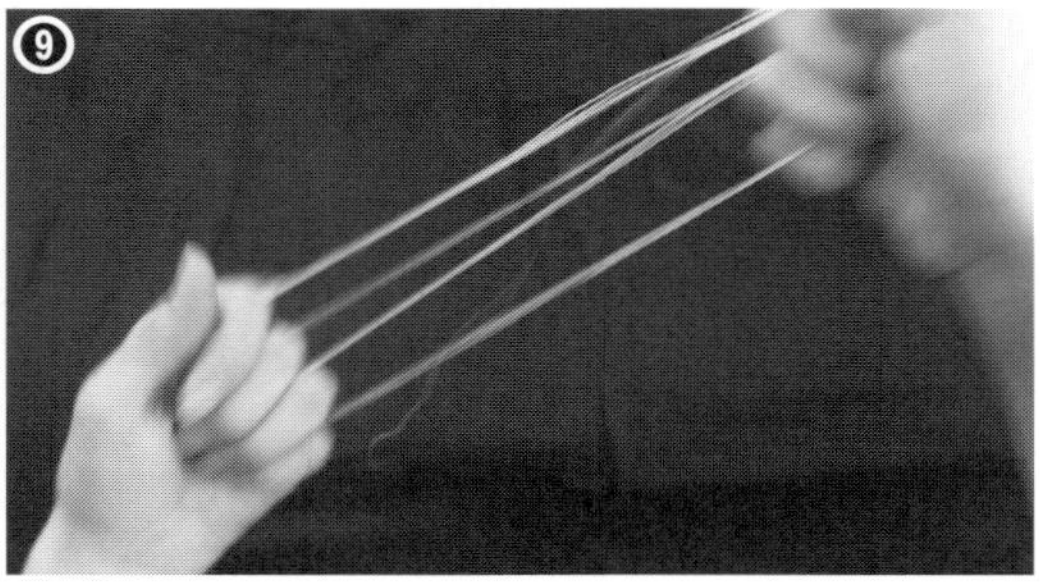

❾

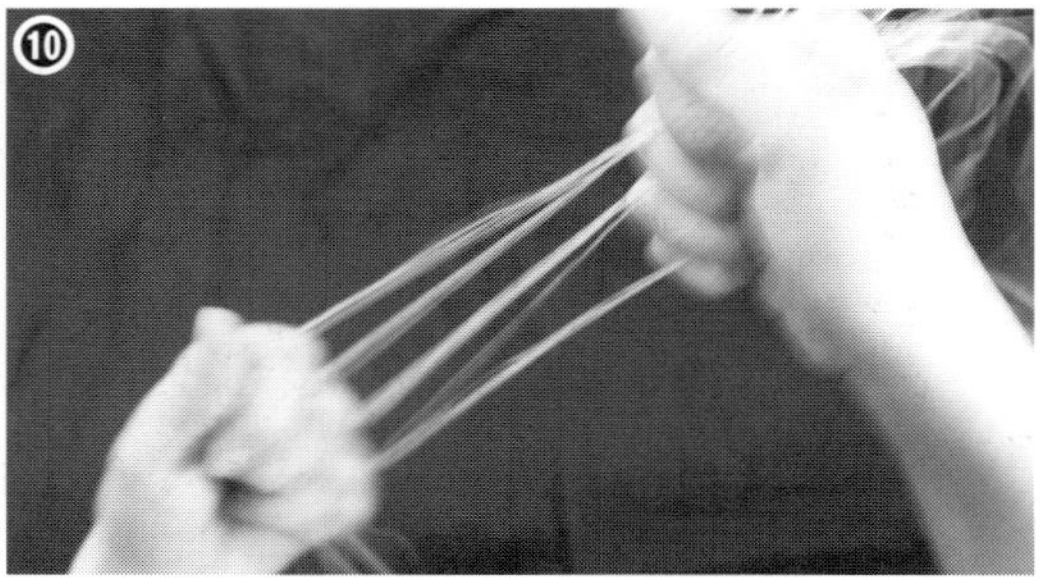

❿

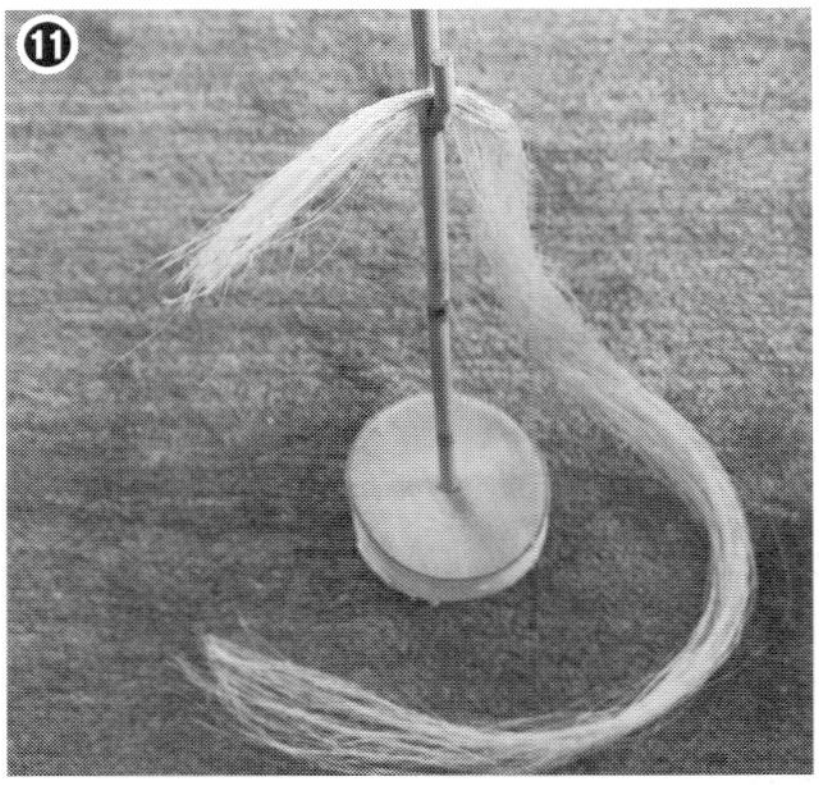

⓫

⓬

⓭

⓮

根元の方をさばく（❽～❿）。

⑦オサキボウに掛け、ウラ（末）の方の絡みをほぐす。（⓫～⓭）

⑧苧桶（オボケ）。オサキボウに挟んだ方（モト・アタマ）で、裂いた繊維をまとめる。（⓮）

⑨左の親指と人差指で1本の繊維のウラを裂いて2本（二股）にする。（⓯）

⑩その上方に別の1本の繊維のモトの方を重ねて、手前に左撚りをかける。（⓰）

⑪下方の繊維も同じように左撚りする。（⓱）

⑫2本それぞれを同時

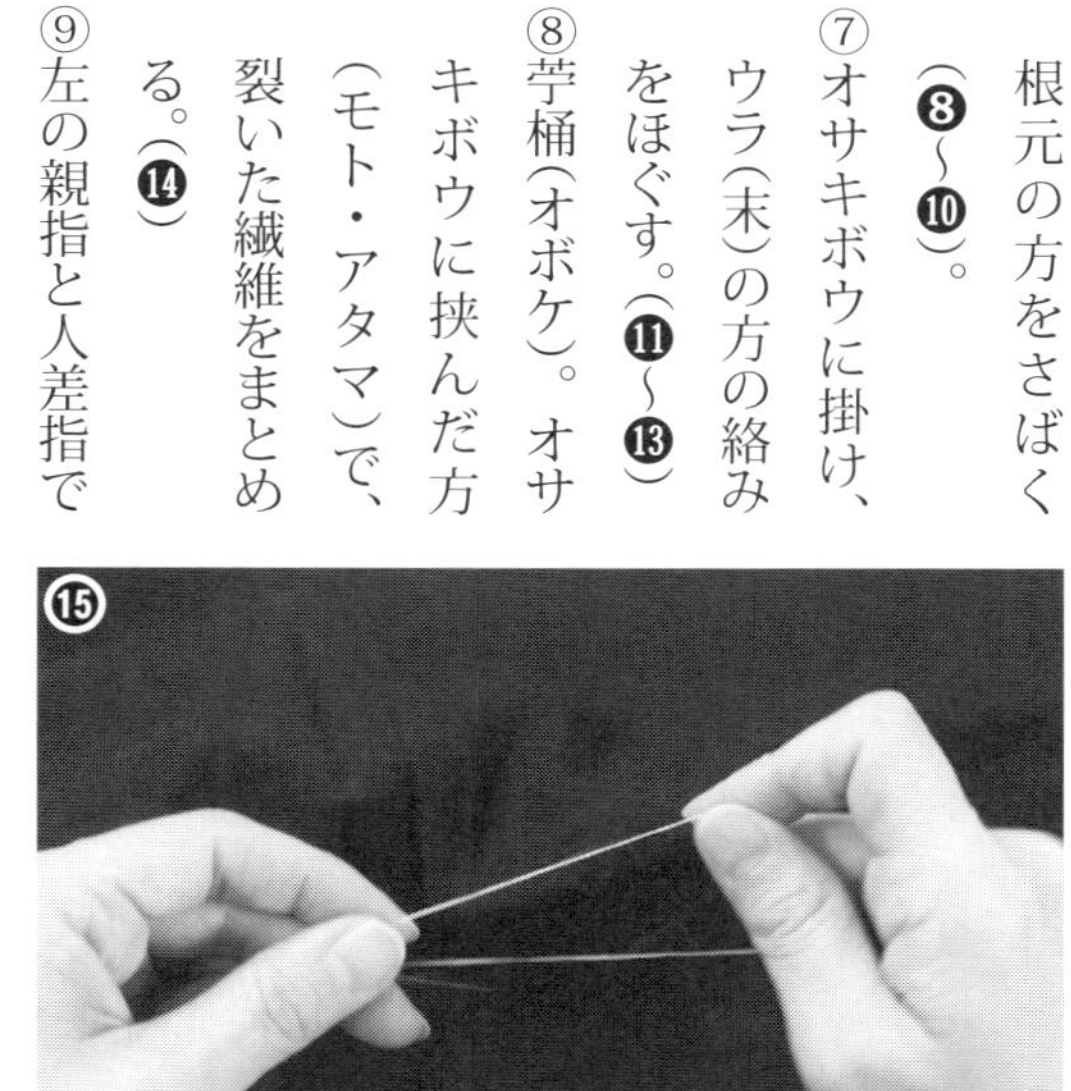

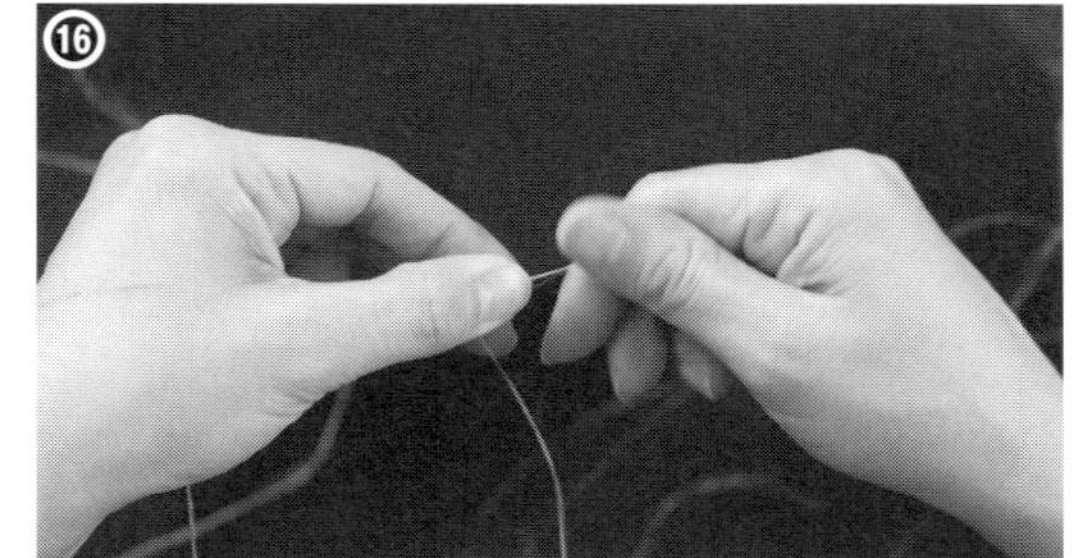

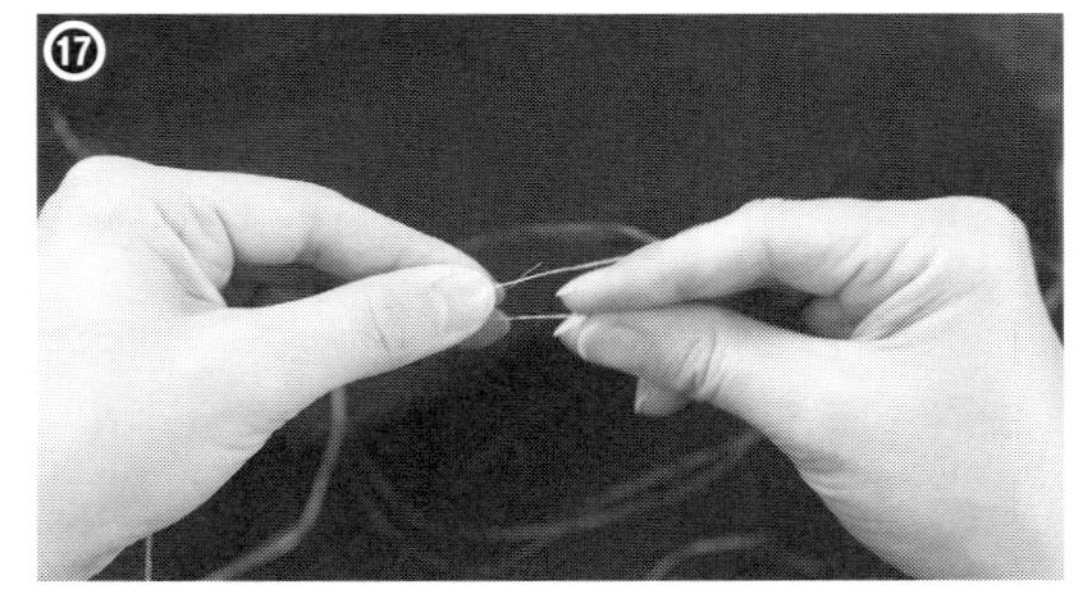

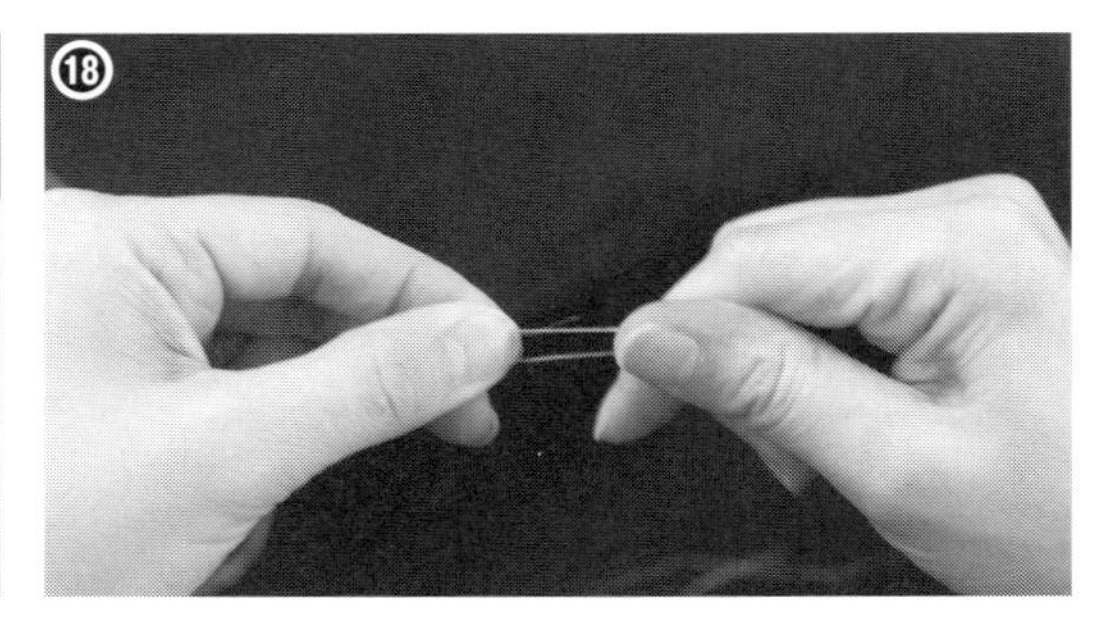

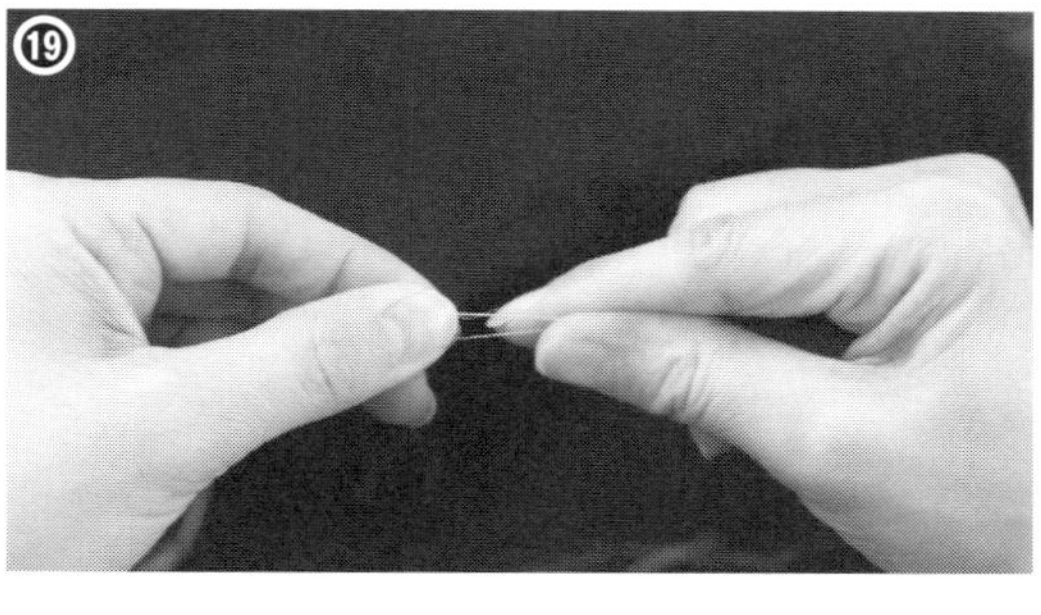

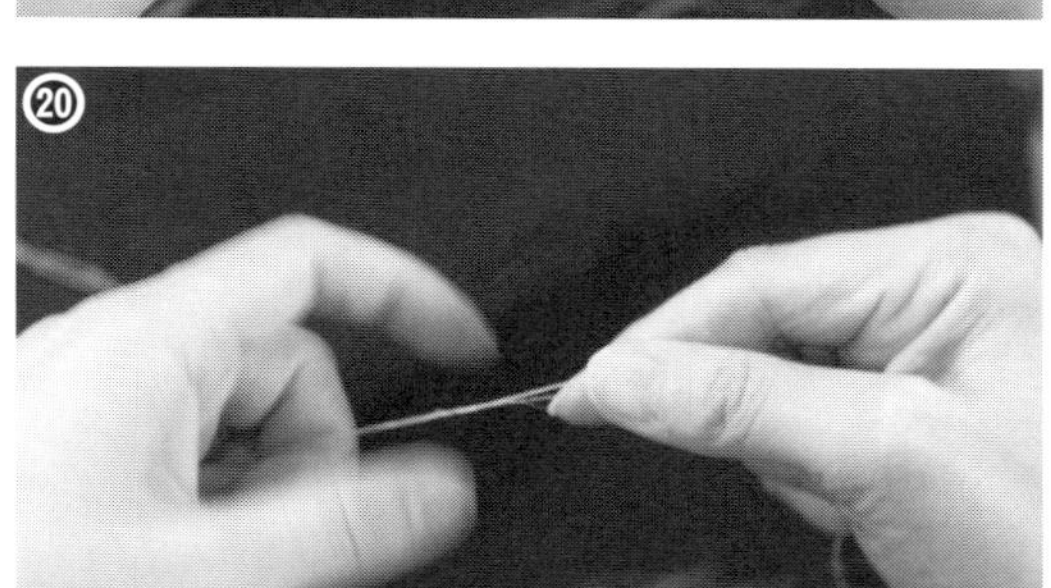

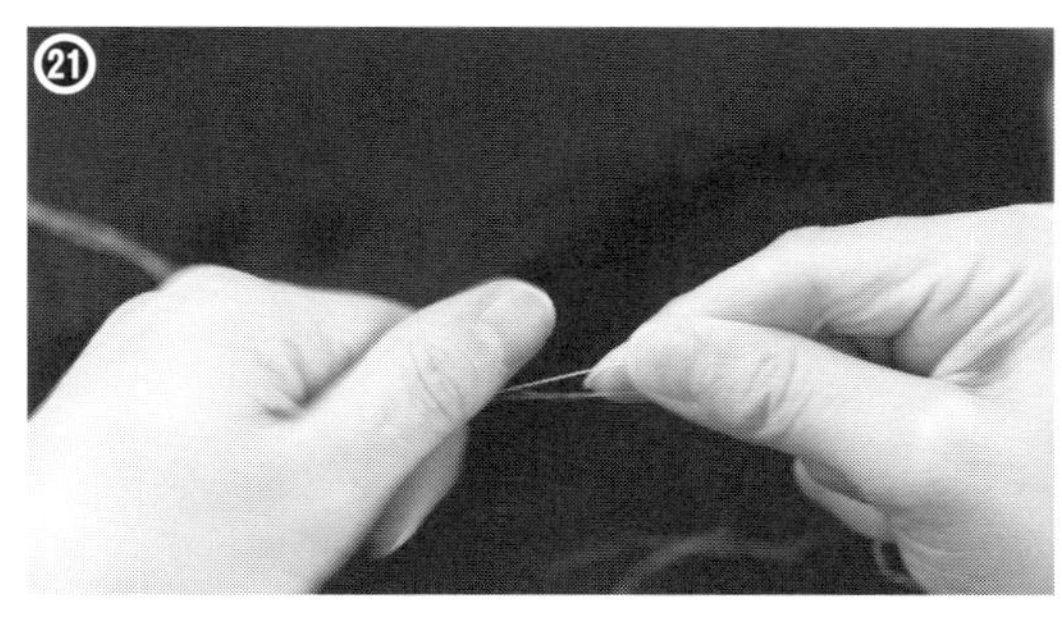

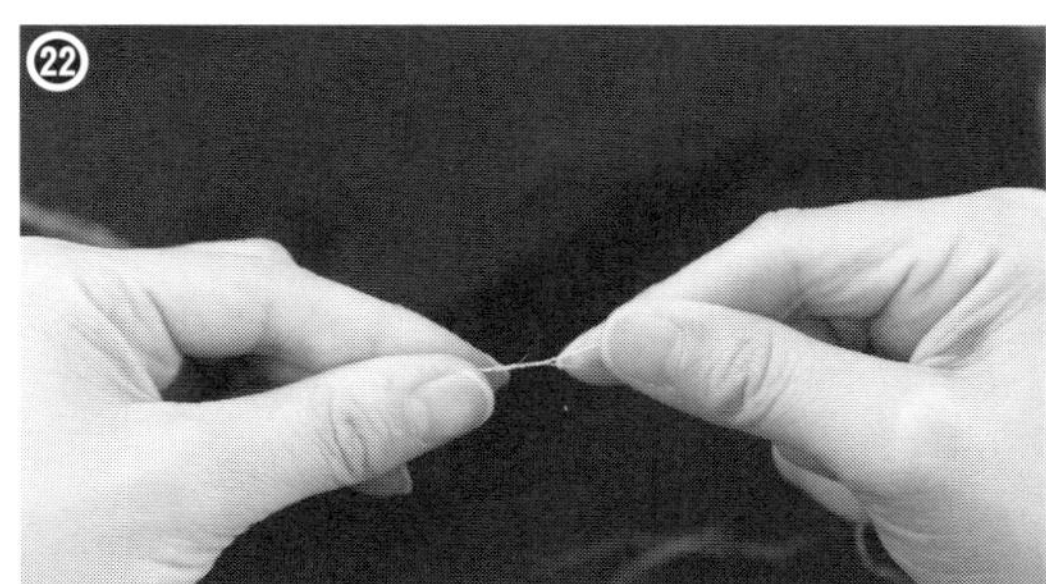

に持ち(⓲)、左撚りの2本を合わせて左手で右撚りにして、1本に合わせる(⓳)。
⑬2本が合わさったら、右手で少し右撚りをかける(⓴〜㉒)
⑭仕上がり(㉓)
⑮カラムシ糸の完成品(㉔)

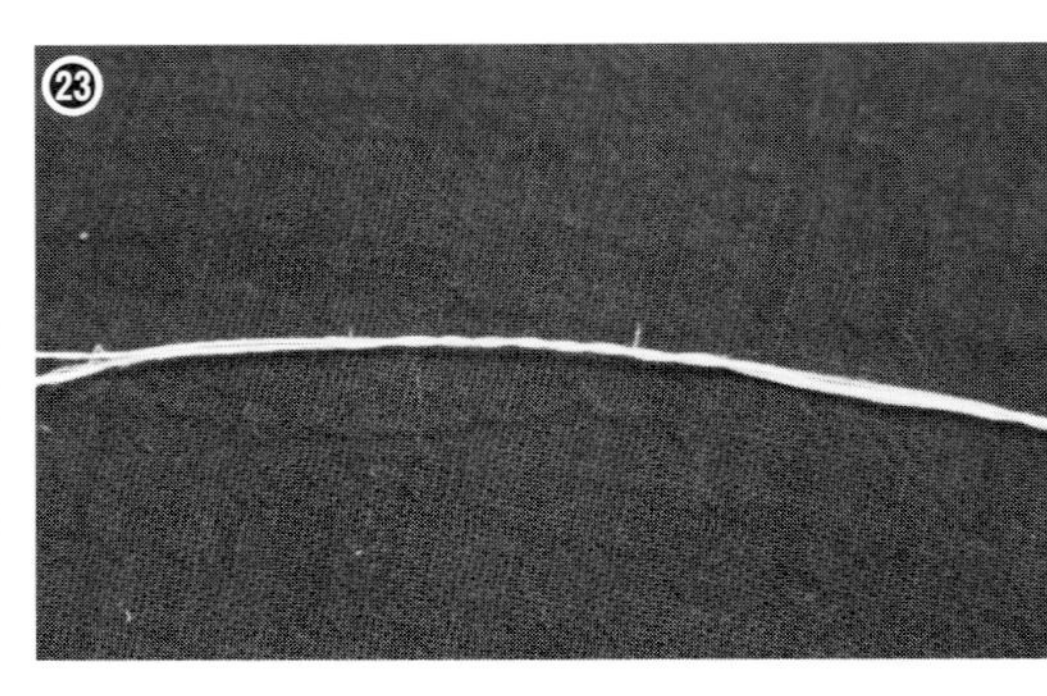

【糸のつなぎ方】

糸のつなぎ方を図3に示した。
①AにBをつなぐ。つなぎ目は唾で湿らせながら、
②Aをふたつに裂く。
③BをAの片方に重ねる。このとき、左手人差指の上に糸を親指で挟む。
④右手の人差指の上に糸、そして上にある親指を手前に移動し、
⑤左撚りをかける。
⑥さらに一緒に左撚りをかける(もじる)
⑦左手を動かし糸にする。これを撚り継ぎといっている。
⑧最後に左手で少し右撚りをかける。

図3　昭和村カラムシ糸績みのつなぎ方

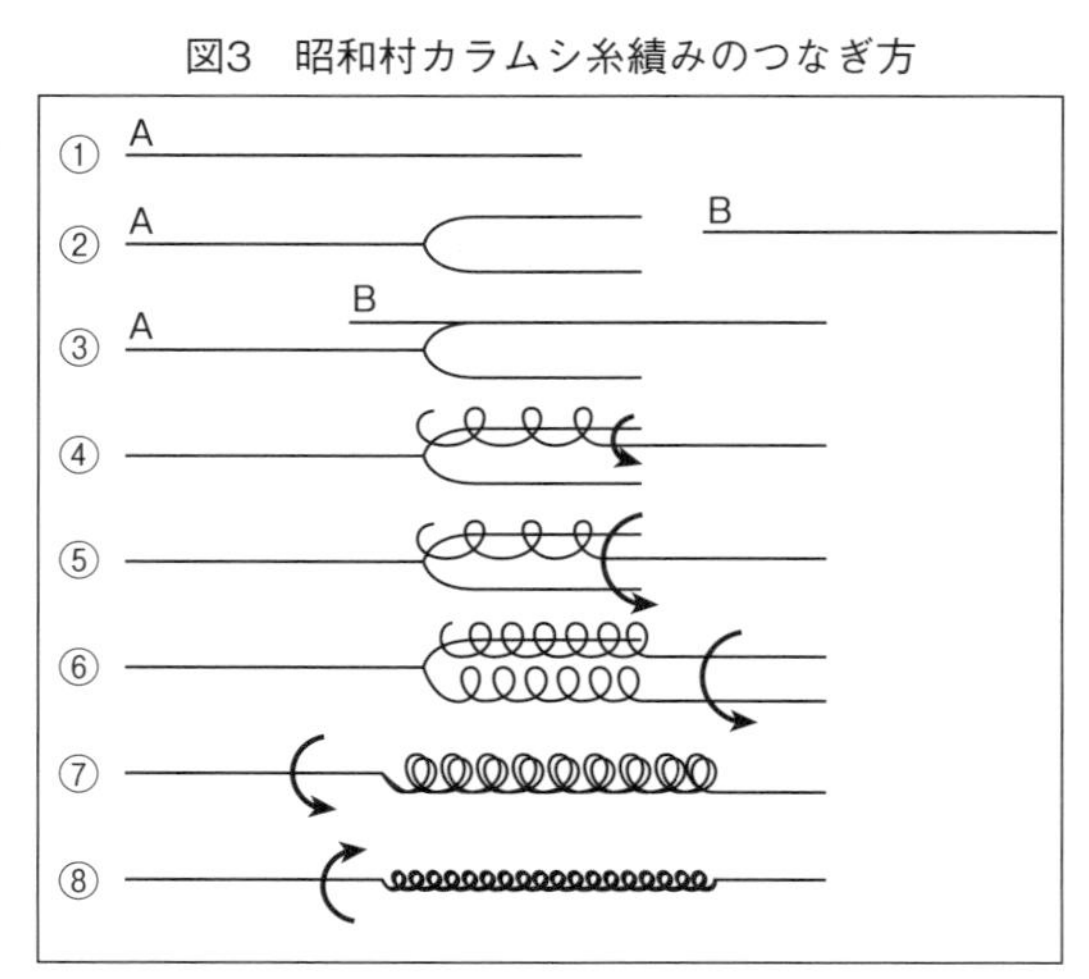

●新潟県十日町市の場合

十日町市博物館編『織物　生産工程』に記載されている技法を紹介する。

越後縮用の糸は、糸績みのときに、そのつなぎ方に工夫がこらされている。経糸は撚りのかけ方を弱くして、機に掛けて全体を引っぱり、筬や杼などによる摩擦が大きいため糸が切れやすいことから、入念に糸をつなぐ。つなぎ方にも結び苧、二本つなぎ苧、挟み苧などがある。

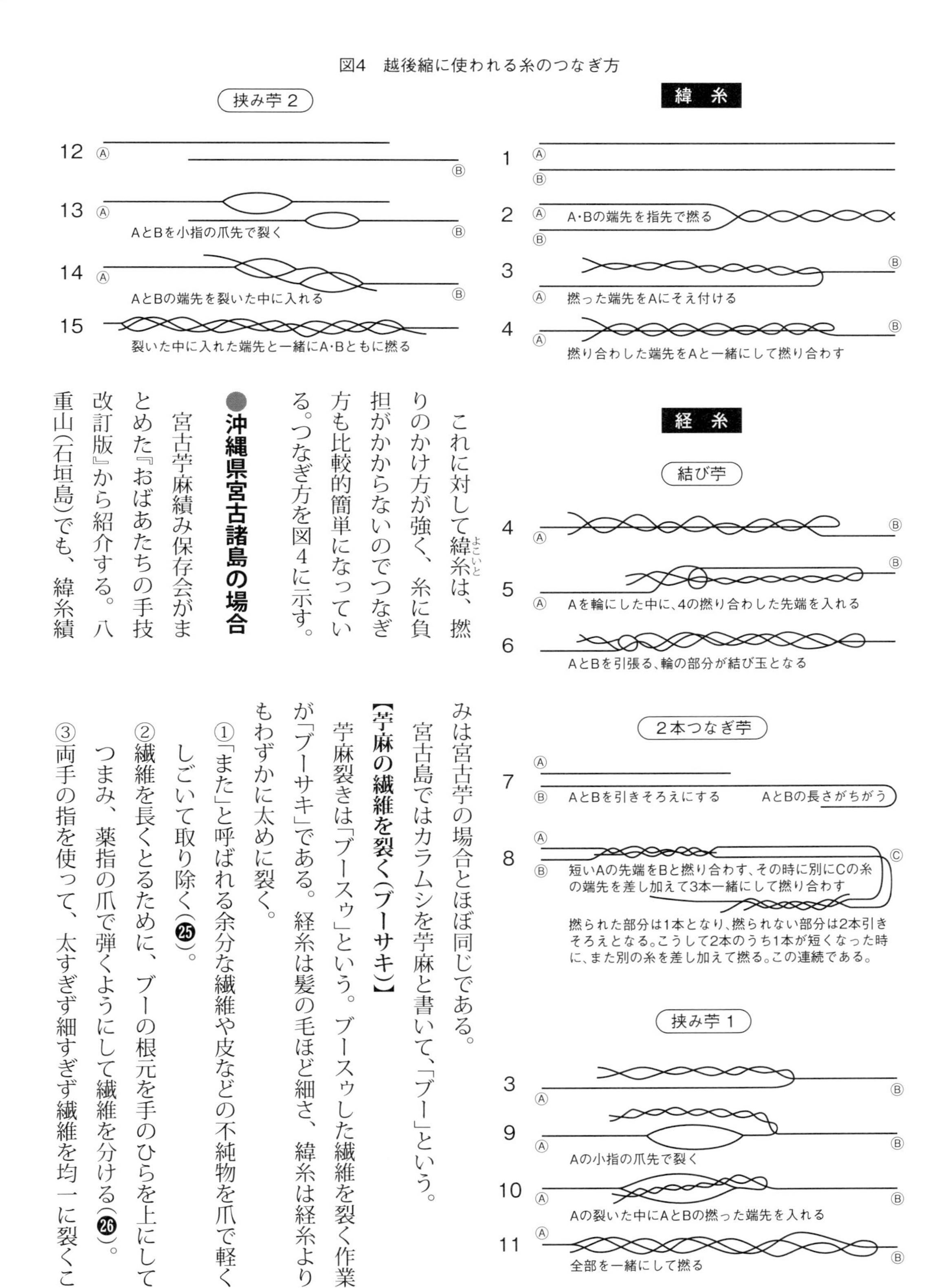

これに対して緯糸（よこいと）は、撚りのかけ方が強く、糸に負担がかからないのでつなぎ方も比較的簡単になっている。つなぎ方を図４に示す。

●沖縄県宮古諸島の場合

宮古苧麻績み保存会がまとめた『おばあたちの手技　改訂版』から紹介する。八重山（石垣島）でも、緯糸績みは宮古苧の場合とほぼ同じである。

宮古島ではカラムシを苧麻と書いて、「ブー」という。

【苧麻の繊維を裂く（ブーサキ）】

苧麻裂きは「ブースゥ」という。ブースゥした繊維を裂く作業が「ブーサキ」である。経糸は髪の毛ほど細さ、緯糸は経糸よりもわずかに太めに裂く。

①「また」と呼ばれる余分な繊維や皮などの不純物を爪で軽くしごいて取り除く（㉕）。

②繊維を長くとるために、ブーの根元を手のひらを上にしてつまみ、薬指の爪で弾くようにして繊維を分ける（㉖）。

③両手の指を使って、太すぎず細すぎず繊維を均一に裂くこ

図5　宮古苧麻の繊維の先端は先細りに

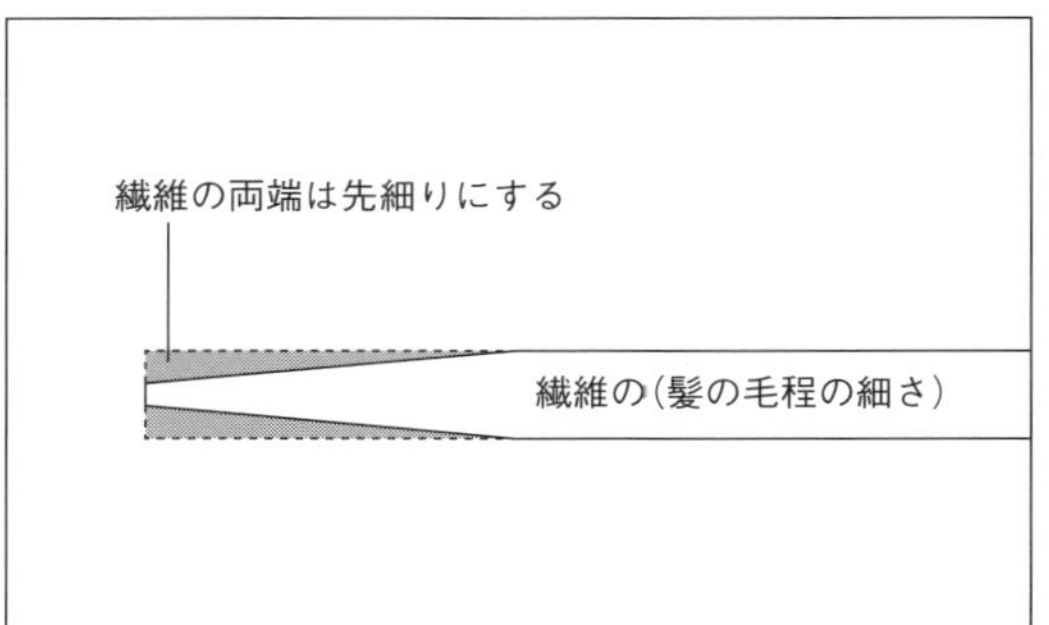

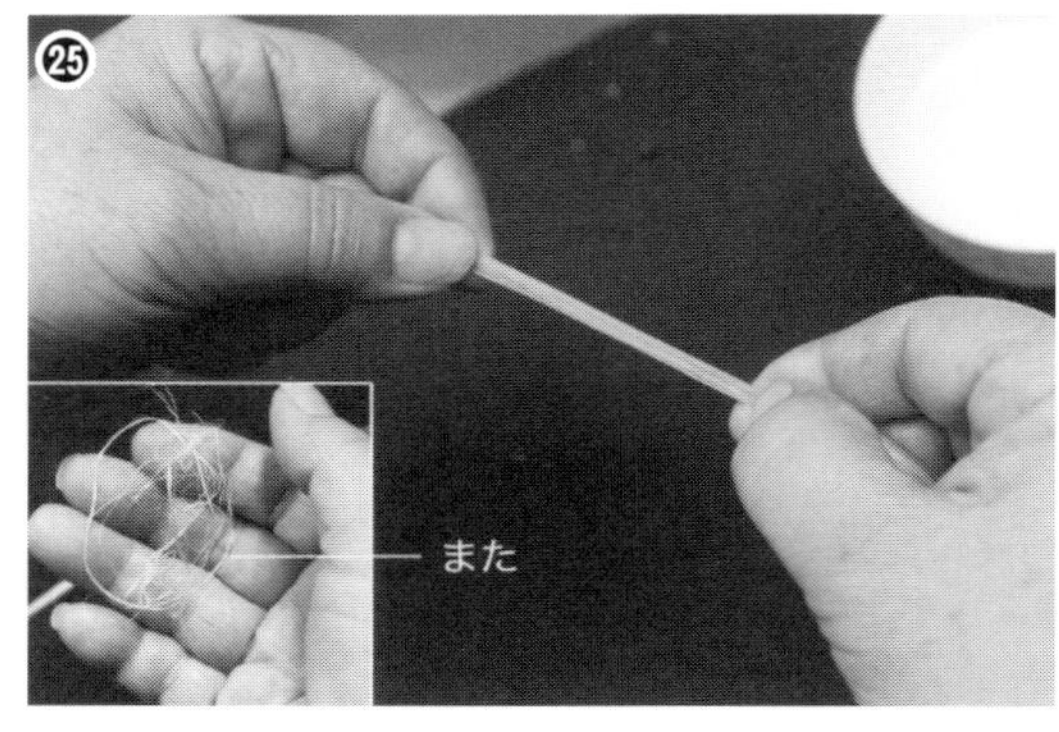

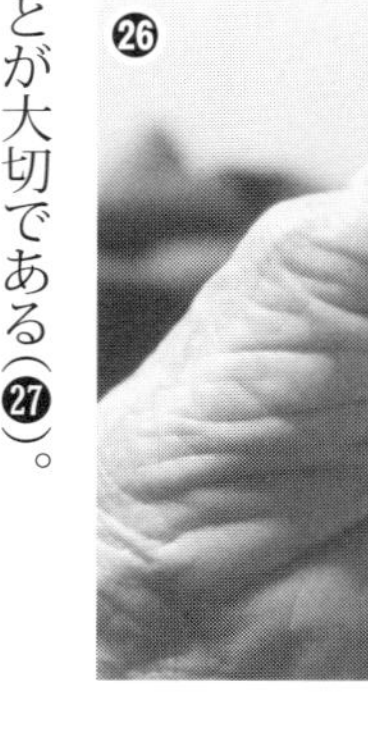

とが大切である(㉗)。

④糸が均一になるように、つなぎ目となる繊維の先端を、爪や歯を使ってしごき細くする。根元の部分の繊維は太くなりがちなので、とくに注意する(図5)。

【経糸の撚りつなぎ】

撚り継ぎは「ブーンー」という。水を入れた器を置いて繊維が乾かないように湿らせながら糸績みをするのは同じである。白い繊維がよく見えるように黒い布を敷いて行なわれる。

経糸は2本の繊維を撚りつないでいく。糸はムゥスゥ(双糸)という。

①始めに、左手で2本の繊維に軽く撚りをかけ1本にする(㉘、図6)。

②短い方の繊維を上にしてつなぐ繊維を添え、右手親指で手間に撚りをかけ、結び目をつくらずに撚りつなぐ。繊維の先端が太い場合は爪や歯を使っ

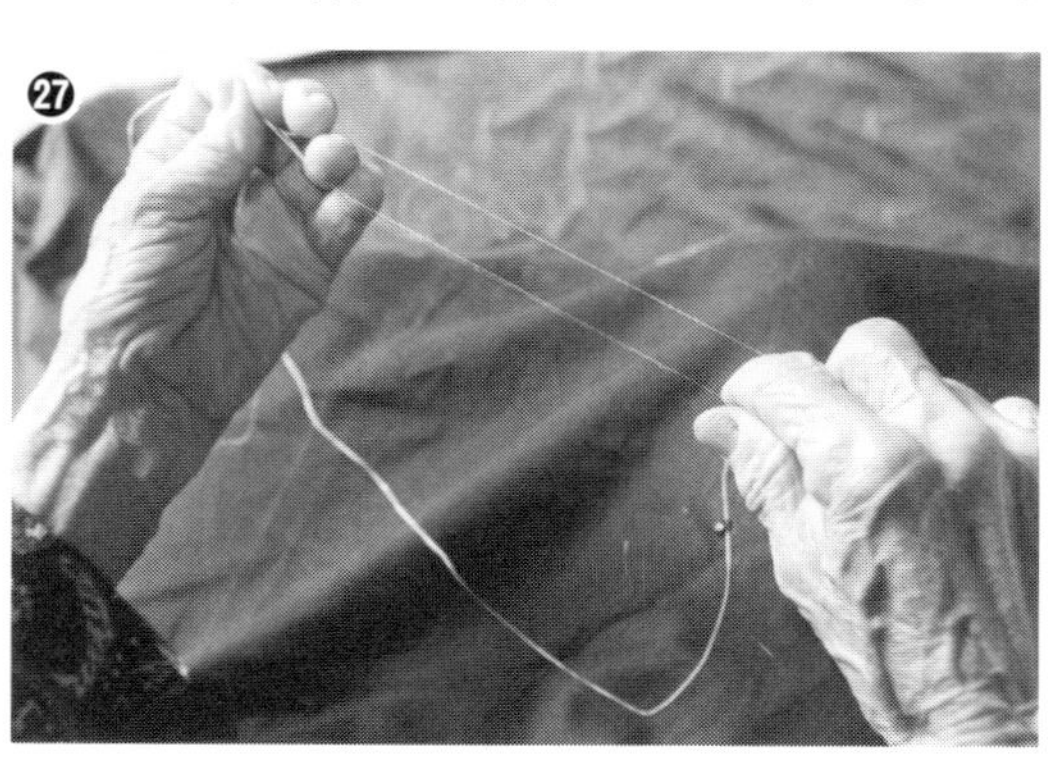

図6

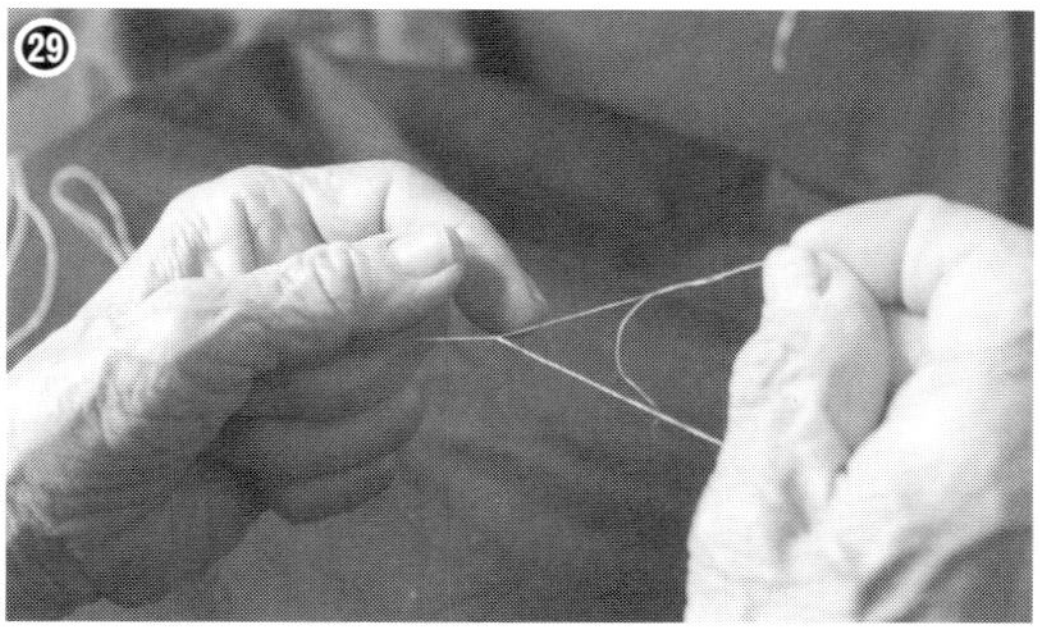

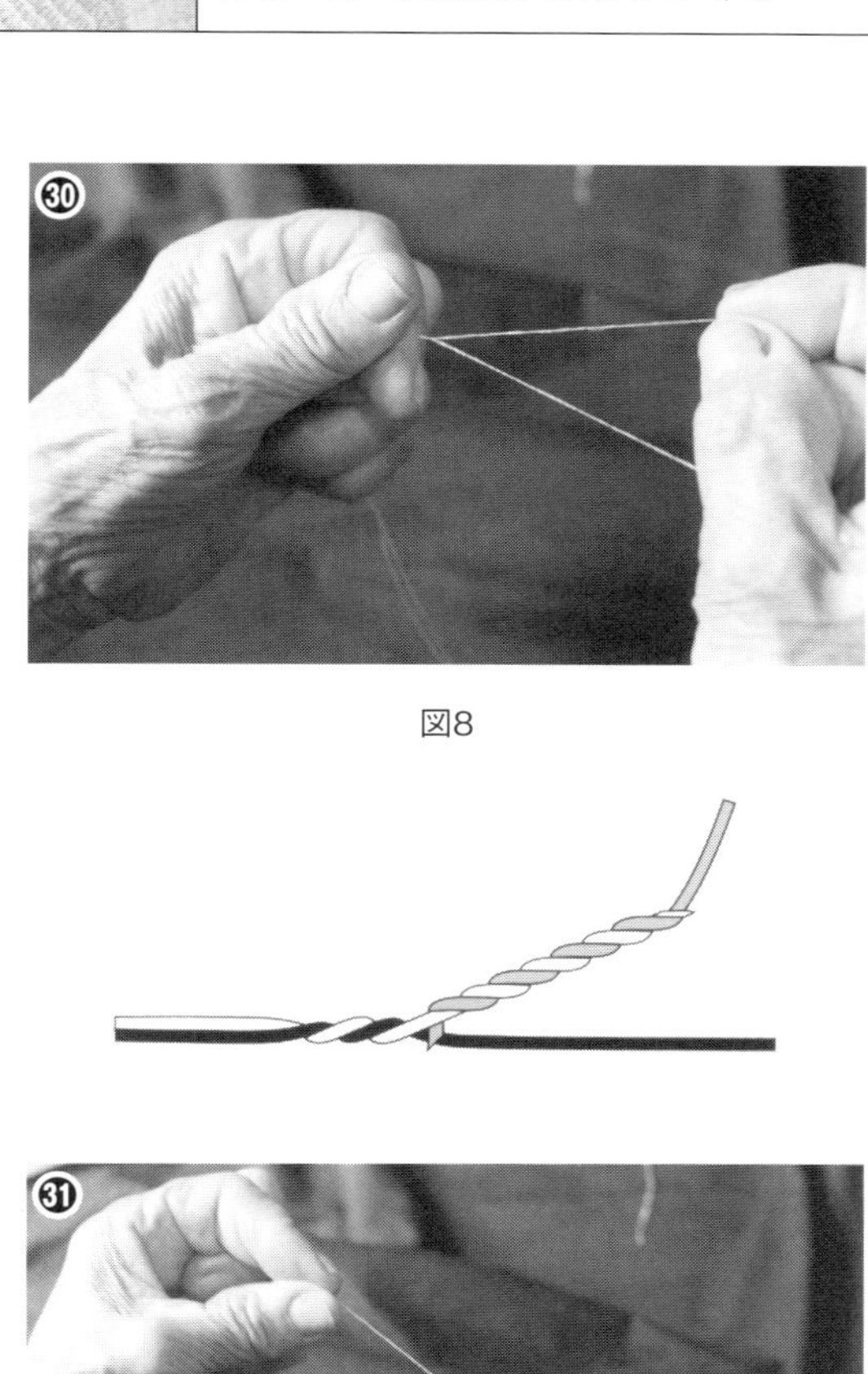

図8

図7

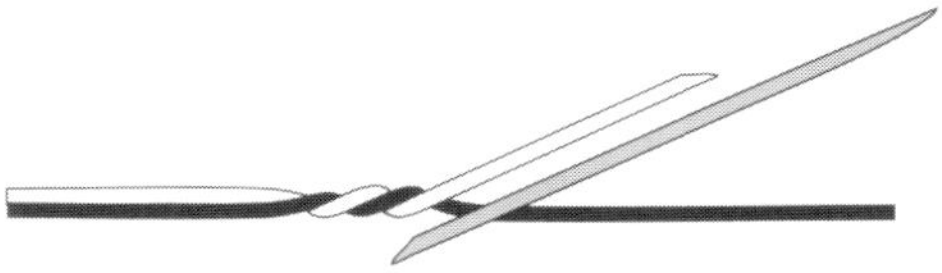

図9

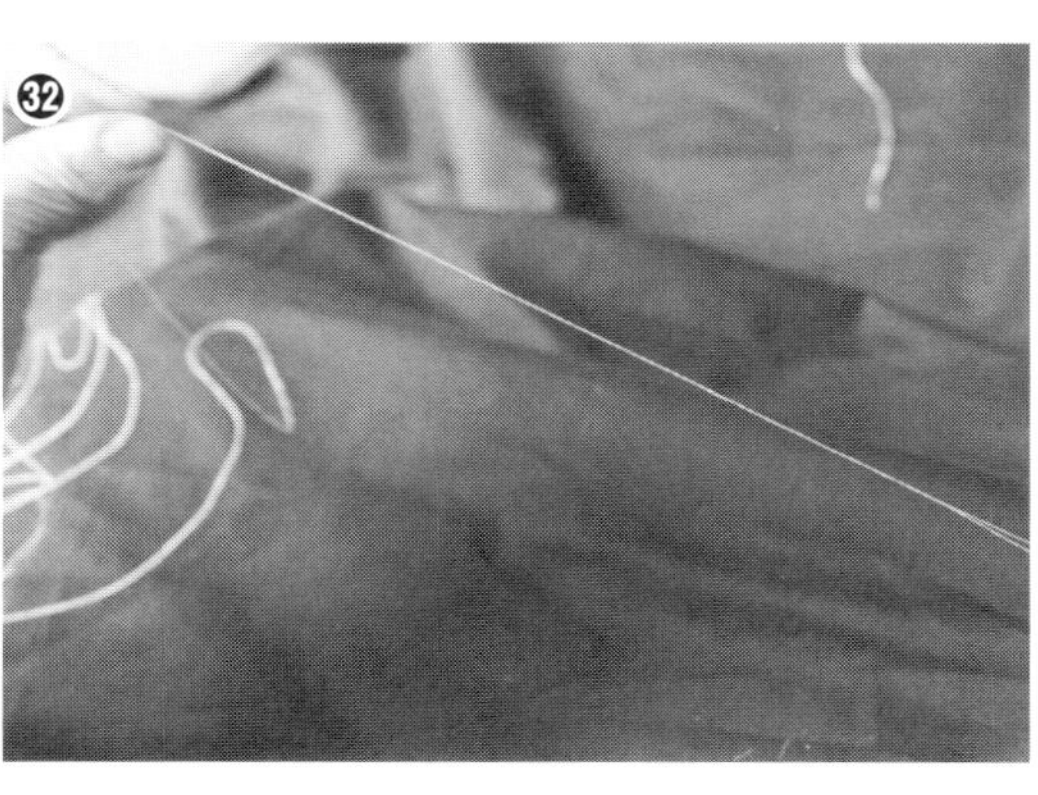

てしごいて細くする（㉙、図7）。

③左手で撚りを少しもどす。つないだ繊維の端が飛び出さないように2本の繊維を撚りつなぐ（㉚、図8）。

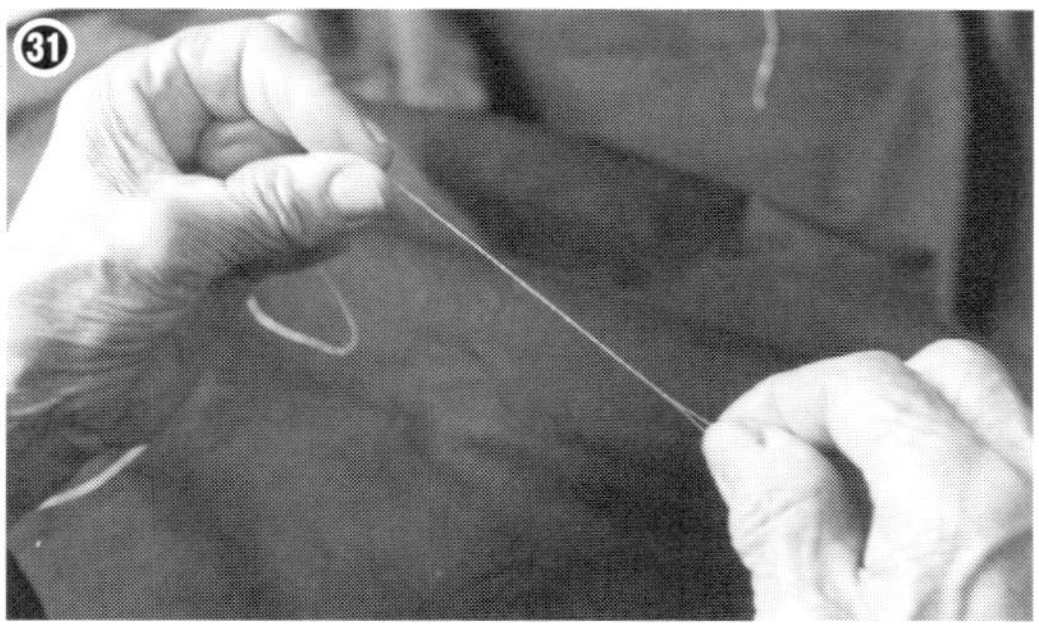

④長い方も一緒に撚り合わせてしっかりつなぐ（㉛、図9）。

⑤つないだ後に繊維を引っぱってみて、つないだところが抜けないかを必ず確認する（㉜）。

①～⑤を繰り返し、容器にためていく。

【緯糸の撚りつなぎ】

緯糸は1本の繊維を撚りつないでいく。この糸はカタスゥ（単糸）という。

①2本の繊維をクロスさせる。糸が均一の太さになるように、つなぎ目となる繊維の先端は爪や歯を使ってしごき細くする（㉝、図10）。

②右手親指で手前に撚りをかける（㉞、図11）。

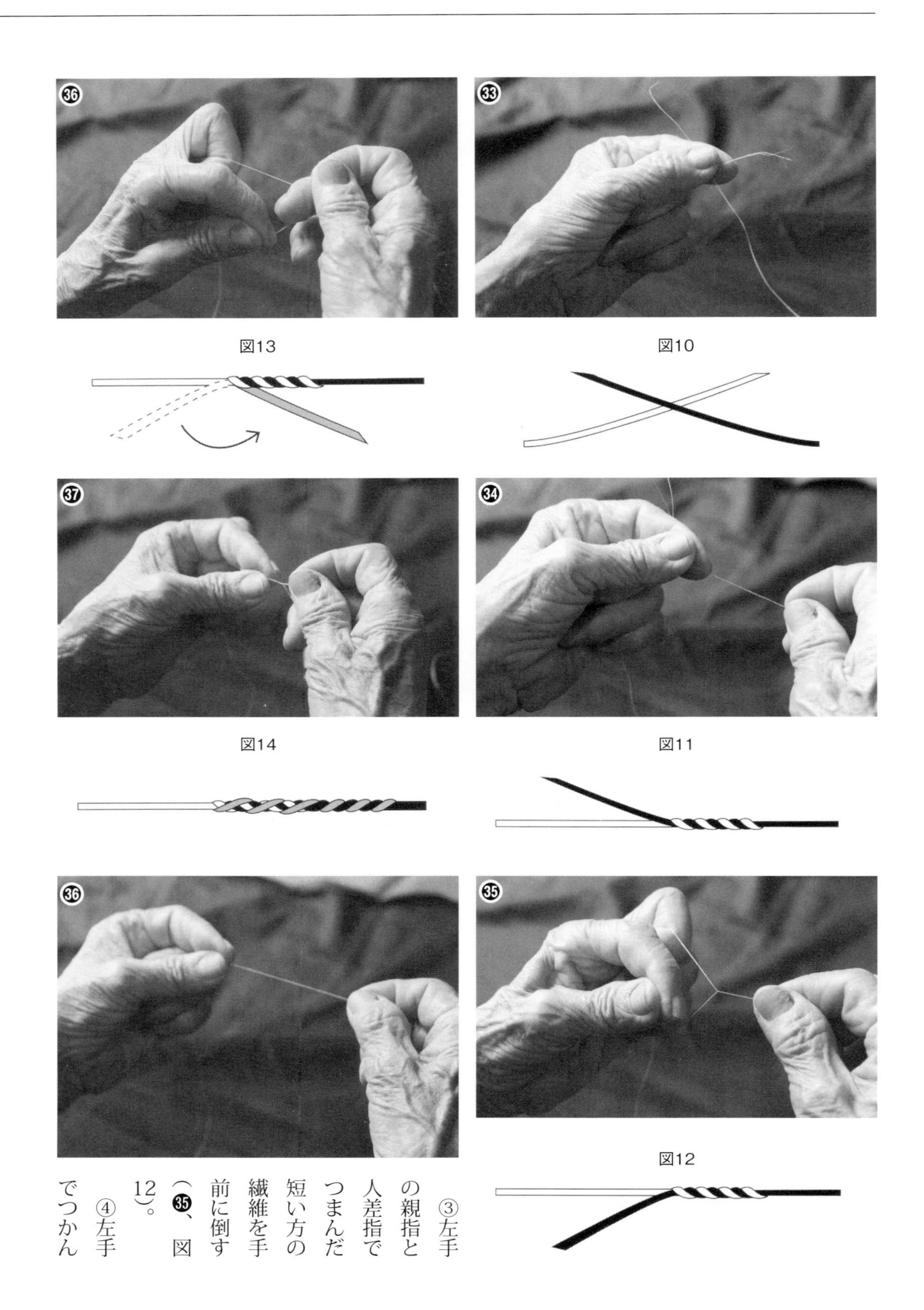

図13

図10

図14

図11

図12

③左手の親指と人差指でつまんだ短い方の繊維を手前に倒す（㉟、図12）。

④左手でつかん

だ繊維を右手中指で右側に折り返す(㊱、図13)。
⑤左側から1本撚り合わせていく(㊲、図14)。
⑥撚りつないだ後に繊維を引っぱり、つないだところが抜けないか必ず確認する(㊳)。
①～⑥を繰り返して容器にためていく(図・写真は『おばあちの手技』より転載)。

糸づくりを学びたい人のために――ワークショップ

糸づくりは日本各地のカラムシ産地や博物館・資料館等で体験会・ワークショップが開催されているので、そこで学ぶことができる。またインターネットの動画サイトなどでも各地の事例が紹介されている。

植物素材の特徴にて前処理(米糠に浸す、煮る等)が行なわれる場合もある。また新しい技法開発も望まれる。

糸づくりから機織り体験ワークショップ一覧

団体・施設名	連絡先	所在地	
		郵便番号	住所
天童市西沼田遺跡公園	023-654-7360／Fax兼用	994-0071	山形県天童市大字矢野目3295
青苧復活夢見隊(村上弘子)	0237-62-3366	990-1121	山形県西村山郡大江町大字藤田451
昭和村　からむし振興室	0241-57-2116／Fax 0241-57-3044	968-0103	福島県大沼郡昭和村大字下中津川字中島652
小松市埋蔵文化財センター	0761-47-5713／Fax 0761-47-5715	923-0075	石川県小松市原町ト77番地8
弥生織りの会	090-2197-3589／e-mail:info-myk@yayoiken.jp	524-0032	滋賀県守山市岡町153-303 ＮＰＯ法人守山弥生遺跡研究会内
石垣市織物事業協同組合	0980-82-5200	907-0004	沖縄県石垣市登野城７８３－２
宮古苧麻績み(ブーンミ)保存会	0980-77-4947	906-0103	沖縄県宮古島市城辺字福里600-1 宮古島市教育委員会　生涯学習振興課内

引用・参考文献一覧

相川郷土博物館　1991年『佐渡・相川の織物　民族文化財地域伝承活動　越後のしな布紡織習俗』　相川町教育委員会

赤坂憲雄・会津学研究会・奥会津書房—編　2015年『会津物語』　朝日新聞出版

阿部さやか・高橋里奈・岸本誠司　2012年『蘇りの青苧ものがたり　山形県大江町　青苧復活夢見隊の軌跡』　青苧復活夢見隊

赤羽正春　2001年『採集　ブナ林の恵み』　法政大学出版局

赤羽正春　2011年『樹海の民—舟・熊・鮭と生存のミニマム』　法政大学出版局

秋道智彌　1999年『なわばりの文化史　海・山・川の資源と民俗社会』　小学館

朝倉奈保子　2006年苧の道　会津学研究会編『会津学2号』　奥会津書房

朝日新聞金沢支局　1986年『常次郎氏の春夏秋冬』　朝日新聞社

朝日新聞特派記者団　1972年『横井庄一さんの記録　グアムに生きた二十八年』　朝日新聞社

新井達也　2012年「東北地方南部の縄文集落の縄文集落の生活と生業」鈴木克彦編『縄文集落の多様性Ⅲ　生活・生業』　雄山閣

粟野収吉　2013年『大銀杏は見ていた』

粟野町教育委員会　1983年『粟野町誌　粟野の歴史』　栃木県粟野町

安渓遊地編　2017年『廃村続出の時代を生きる』　南方新社

安斎正人　2007年『人と社会の生態考古学』　柏書房

安藤紫香(正教)　2002年「麻作りから布まで」『会津の民俗』第32号　会津民俗研究会・歴史春秋社

安藤礼二　2013年「起源」の反復「柳田国男試論」から「遊動論」へ」『at』18　太田出版

安藤礼二　2017年「縄文論序説　渡辺仁の狩猟採集社会論をめぐって」『ユリイカ』(49)6　青土社

井口崇　1998年「望陀布の復元に関する覚書」『千葉史学』32

石垣市織物事業協同組合　1992年『八重山上布』

伊豆田忠悦　1960年青苧と最上紅花　『日本産業史大系3東北地方篇』　東京大学出版会　＊本論は次の書籍にも収録　伊豆田忠悦　1979年『羽前地方の研究』　郁文堂書店

稲田浩二・小澤俊夫編　1985年『日本昔話通観』第7巻福島　同朋舎出版

井京今朝男　2012年「生業の古代中世史と自然観の変遷」秋道智彌編『日本の環境思想の基層　人文知からの問い』　岩波書店

今井敬潤　2002年「富山湾の漁網染色における柿渋の利用について」『もの・モノ・物の世界—新たな日本文化論』　雄山閣

今田信一　1957年『最上商人を育てた青苧』　寒河江市史編纂委員会

今里悟之　2006年『農山漁村の〈空間分類〉—景観の秩序を読む』　京都大学学術出版会

伊藤俊治　2017年「器と骨　召還される縄文」『ユリイカ』(49)6　青土社

伊波普猷　1973年『をなり神の島1』　平凡社東洋文庫227

植村和代　2014年『織物』　法政大学出版局

宇根豊　2000年「百姓仕事が、自然をつくる、自然を認識する」田中耕司編『自然と結ぶ農にみる多様性』　昭和堂

宇根豊　2007年『天地有情の農学』　コモンズ

漆山英隆　2013年『よみがえる南陽の青苧』　私家版

江馬三枝子　1975年『飛騨白川村』未来社

大江町教育委員会編　1984年『大江町史』

大江町教育委員会編　1985年『大江町史 地誌編』

大久保裕美　2004年『ハタの迪(みち)』　からむし工芸博物館

大藤時彦編　1964年古川古松軒『東遊雑記』東洋文庫27　平凡社

岡村吉右衛門　1968年『台湾の蕃布』　有秀堂

岡村吉右衛門　1975年「台湾の機」『服装文化』148号

岡村吉右衛門　1977年『日本原始織物の研究』　文化出版局

岡村吉右衛門　1982年「蕃布　台湾の染織」『染織の美』19　京都書院『教草』　1977年　恒和出版

尾関清子　2012年『縄文の布　日本列島布文化の起源と特質』　雄山閣

小畑弘己　2011年『東北アジア古民族植物学と縄文農耕』　同成社

小畑弘己　2016年『タネをまく縄文人　最新科学が覆す農耕の起源』　吉川弘文館

小見重義　1980年『からむしの里』『農業協同組合』　全国農業協同組合中央会

桂眞幸　2015年『会津農書』唐箕使用初出批判」『民具研究』第151号

加藤孝治　2010年「ローカルなコンテクストにおける民具の理解に向けて—四国・那賀川上流地域の天秤腰機を事例に—」『歴史と文化』第45号　東北学院大学

加藤清之助　1922年『苧麻』　(台湾総督府)南洋協会台湾支部

金井晃　2001年『木地語り　企画展報告書』　福島県田島町教育委員会

金井道夫　1989年「ある繊維会社による原料開発輸入のための進出の効果をめぐって」『農業総合研究』(43)4　農林水産政策研究所

http://www.maff.go.jp/primaff/koho/seika/nosoken/nogyosogokenkyu/pdf/nriae1989-43-4-3.pdf

金子務　2005年『江戸人物科学史　「もう一つの文明開化」を訪ねて』　中公新書

賀納章雄　2007年『南島の畑作文化　畑作穀類栽培の伝統と現在』　海風社

角山幸洋　1989年「手織機(地機)の東西差　産業史の立場から」『民具が語る日本文化』　河出書房新社

上都賀郡教育会　1977年『上都賀郡誌　復刻版』　鹿沼市誌料刊行会

からむし工芸博物館　2002年『アジア苧麻会議』

からむし工芸博物館　2003年『アイヌ　アットゥシココロ展』

からむし工芸博物館　2005年『本荷』

からむし工芸博物館　2006年『奈良晒と原料展』

からむし工芸博物館　2007年『はぬいっこ袋』

からむし工芸博物館　2007年『からむしを育む民具』

からむし工芸博物館　2008年『をのこと』

からむし工芸博物館　2009年『苧麻と型染め　会津が産んだハレ着』

からむし工芸博物館　2011年『昭和村のからむしはなぜ美しい　からむし畑』

からむし工芸博物館　2013年a『会津のからむし生産用具及び製品』

からむし工芸博物館　2013年b『会津野尻組の戊辰戦争』

からむし工芸博物館　2015年『文字にみるからむしと麻』

鏑木勢岐　1954年『銭屋五兵衛の研究』　銭五顕彰会

川合正裕　2013年「東北地方の『畑の神』信仰—春秋に去来する農耕神を事例として—」『歴史民俗研究—櫻井徳太郎賞受賞論集—』第10輯　板橋区教育委員会

川井洋　2009年『麻と日本人』　竹林館

川人美洋子　2010年『阿波藍』　阿波農村舞台の会

菅家長平　1980年『からむし年譜』　昭和村農協工芸課

菅家長平(穂坂道夫)　1986年『野辺のゆきき—手織音の里・昭和村』　ふるさと企画

菅家長平(穂坂道夫)　2007年「エッセー　青麻(あおそ)紀行」『金山史談』第18号　金山史談会

菅家長平　２００９年「ふるさと人物小伝」『金山史談』第19号　金山史談会
菅家長平　２０１４年「千咲原にて」『金山史談』第23号　金山史談会
菅家藤一　２０１１年「奥会津編み組細工」『山仕事賛歌』　図書新聞
菅家博昭　１９８５年『福島県指定重要有形民俗文化財　昭和村のからむし生産用具とその製品３７１点』　昭和村教育委員会
菅家博昭　１９９０年『福島県昭和村におけるからむし生産の記録と研究』　昭和村生活文化研究会
菅家博昭　１９９５年「博士山に生きる人々から学ぶ」『ブナの森とイヌワシの空　会津・博士山の自然誌』
菅家博昭　１９９７年ａ『大岐の少年史・昭和４０年代』
菅家博昭　１９９７年ｂ『イヌワシ保護一千日の記録』　はる書房
菅家博昭　２０００年『身近な自然の調べ方　会津のワシとタカ』　日本野鳥の会会津支部・歴史春秋社
菅家博昭・大久保裕美　２００１年『苧（からむし）』　奥会津書房・からむし工芸博物館
菅家博昭　２００６年「記憶の森を歩く」会津学研究会編『会津学』２号　奥会津書房
菅家博昭　２００７年「聞き書きの風景」会津学研究会編『会津学』３号　奥会津書房
菅家博昭　２００８年ａ「私の月田農園物語」会津学研究会編『会津学』４号　奥会津書房
菅家博昭　２００８年ｂ「ヒロロ（深山寒菅）の今」会津学研究会編『会津学４号』　奥会津書房
菅家博昭　２０１１年「カラムシ栽培におけるコガヤ（カリヤス）の重要性」『昭和村のからむしはなぜ美しい　からむし畑』　からむし工芸博物館
菅家博昭・吉田有子　２０１３年『会津野尻組の戊辰戦争』　からむし工芸博物館
菅家博昭　２０１４―２０１８年「野尻組のアサ・からむし」『広報しょうわ』　昭和村
菅家博昭　２０１５年ａ「地域の調べ方」会津学研究会編『会津学』７号　奥会津書房
菅家博昭　２０１５年ｂ草が支えた社会年会津学研究会編『会津学』７号　奥会津書房
菅家博昭・河原田宗興　２０１５年ｃからむしと麻年会津学研究会編『会津学』７号　奥会津書房
菅家博昭・吉田有子　２０１５年ｄ『文字にみるからむしと麻』　からむし工芸博物館
菅家博昭　２０１８年「上杉家中の山内氏　横田式部少輔旨俊とは誰か？」『福島県中世史研究会10周年論集』
河野良輔　２００５年『長州・北浦捕鯨のあらまし』　長門大津くじら食文化を継承する会
菊地和博　１９９２年「近世最上川の文化史的考察」『山形県立博物館研究報告』第13号
菊地和博　１９９３年「青苧の生活文化史」『山形県立博物館研究報告』第14号
菊地和博　２００２年『庶民信仰と伝承芸能　東北にみる民俗文化』　岩田書院
菊地和博　２０１３年『やまがたと最上川文化』　東北出版企画
菊地成彦　１９８２年「野尻郷のからむし栽培」『福島の民俗』第10号　福島県民俗学会
菊地成彦　１９８３年ａからむし栽培のルーツと展望年『歴史春秋』第18号　会津史学会
菊地成彦　１９８３年ｂ「会津のからむしと越後の縮布」『歴史手帖』（11）９　名著出版年
菊地成彦　１９８４年「からむし産業を支えるもの」『福島の民俗』第12号　福島県民俗学会
菊地成彦　１９８６年『昭和村史料集（その１）』　昭和村教育委員会
徳島県木頭村　１９６１年『木頭村誌』　木頭村
着舎場永珣　１９７７年『八重山民俗誌　上巻・民俗編』　沖縄タイムス社
木村茂光　１９９６年『ハタケと日本人　もう一つの農耕文化』　中公新書
木村茂光編　２００３年『雑穀　畑作農耕論の地平』　青木書店
木村茂光編　２００６年『雑穀Ⅱ 粉食文化論の可能性』　青木書店
木村茂光　２００９年『中世社会の成り立ち』　吉川弘文館
近畿民俗学会　１９５８年『阿波木頭民俗誌』　凌霄文庫刊行会（後藤捷一）
近世麻布研究所・滋賀県麻織物工業協同組合　２００７年『高宮布』
近世麻布研究所・十日町市博物館　２０１２年『四大麻布　越後縮・奈良晒・高宮布・越中布の糸と織り』
工藤雄一郎編　２０１４年ａ「縄文時代の人と植物の関係史」『国立歴史民俗博物館研究報告』第１８７集
工藤雄一郎　２０１２年『旧石器・縄文時代の環境文化史　高精度放射性炭素年代測定と考古学』　新泉社
工藤雄一郎編　２０１４年ｂ『ここまでわかった！　縄文人の植物利用』　新泉社
工藤雄一郎・一木絵理　２０１４年ｃ「縄文時代のアサ出土例集成」『国立歴史民俗博物館研究報告』第１８７号
工藤雄一郎編　２０１７年『さらにわかった！　縄文人の植物利用』　新泉社
原始布・古代織参考館　２００６年『古代の編具と織機』出羽の織座・米沢民芸館　山村商店
グレゴリー・スミッツ、渡辺美季・訳『琉球王国の自画像　近世沖縄思想史』ぺりかん社
ケネス・M・エイムス、ハーバード・D・G・マシュナー、佐々木憲一監訳・設楽博巳訳　２０１６年『複雑採集狩猟民とはなにか　アメリカ北西海岸の先史考古学』　雄山閣
原始布・古代織参考館　２００６年『古代の編具と織機』　出羽の織座・米沢民芸館　山村商店
国学院大学民俗学研究会　１９８１年『民俗採訪　栃木県鹿沼市旧西大芦村　福岡県八女郡星野村』
国立歴史民俗博物館　２０１７年『企画展示ＵＲＵＳＨＩふしぎ物語―人と漆の１２０００年史―』
小池善茂・伊藤憲秀　『山人の話　ダムで沈んだ村『三面』を語り継ぐ』　はる書房
河野通明　２０１５年『大化の改新は身近にあった』　和泉選書
古賀康士　２０１２年『西海捕鯨業における中小鯨組の経営と組織―幕末期小値賀島大坂屋を中心に―』　九州総合研究博物館研究報告10
小柴吉男・小松順太郎対談　２０１２年『漆と編み組の源流　荒屋敷遺跡発掘秘話』　奥会津書房
小島孝夫　２００９年『クジラと日本人の物語―沿岸捕鯨再考―』　東京書店
児玉彰三郎　１９７１年『越後縮布史の研究』　東京大学出版会
児玉彰三郎　２０１０年『上杉景勝』児玉彰三郎遺著刊行会　初版１９７９年
小林茂　２００３年『農耕・景観・災害　琉球列島の環境史』　第一書房
小林政一　１９７９年『昭和村のむかしばなし』　昭和村教育委員会
小林政一　１９８１年『奥会津のざっと昔』　文芸協会出版
小林政一　１９８８年『写真集　消えゆく　からむし』　ふるさと企画
小林政一　２００２年『小林キンのざっと昔』　ふるさと企画
小林政一　２００６年『昭和村のざっと昔』　ふるさと企画
斎藤たま　２０１３年『暮らしのなかの植物』　論創社
酒井耕造　２００７年『近世会津の村と社会―地域の暮らしと医療―』
佐賀市教育委員会　２０１７年『縄文の奇跡！　東名遺跡』　雄山閣
坂根嘉弘　２００３年ａ「農地作付統制についての基礎的研究（上）」『広島大学経済論叢』（27）１
坂根嘉弘　２００３年ｂ「農地作付統制についての基礎的研究（下）」『広島大学経済論叢』（27）２
阪本寧男　１９８８年『雑穀のきた道 ユーラシア民族植物誌から』　ＮＨＫブックス
桜井英治　２０１１年『贈与の歴史学　儀礼と経済のあいだ』中公新書
佐々木長生　２０１５年「『会津農書』にみる畑作民俗誌」『福島県立博物館紀要』第29号

佐々木長生　2016年「『会津農書』にみる麻の栽培と民俗」『下野民俗研究会』第49号　下野民俗研究会

佐々木由香　2015年「縄文・弥生時代の編組製品製作技術の特徴と時代差」『シンポジウム縄文・弥生時代の編組製品研究の新展開─植物資源利用・技法・用途─』　明治大学先史文化研究所

佐瀬与次右衛門　1982年『会津農書　会津農書附録』日本農書全集19　農文協

佐瀬与次右衛門・佐瀬林右衛門　1982年『会津歌農書　幕内農業記』日本農書全集20　農文協

佐藤国雄　1991年「志村俊二さん　山人の暮らしを語り継ぐ出版人」アエラ編集部編『現代の脇役』　新潮社

佐藤洋一郎編　2010年a『ユーラシア農講史』第5巻　臨川書店

佐藤洋一郎　2010年「地球環境問題にみる歴史学と自然科学の融合」水島司編『環境と歴史学　歴史研究の新地平』　勉誠出版

佐藤洋一郎監修　2011年『焼畑の環境学─いま焼畑とは』　思文閣出版

椎葉クニ子・佐々木章　1998年『おばあさんの山里日記』　葦書房

下田村史編集委員会　1971年『下田村史』　下田村史刊行委員会

設楽博已　2017年『弥生文化形成論』　塙書房

設楽博已編　2017年「弥生文化のはじまり」『季刊考古学』第138号

篠崎茂雄　2008年「麻ひきにみる地域性」『野州麻　道具がかたる麻づくり』　栃木県立博物館

篠崎茂雄　2014年「アサ利用の民俗学的研究　縄文時代のアサ利用を考えるために」『国立歴史民俗博物館研究報告』第187号

篠崎茂雄　2011年「麻作りに生涯をささげた地域の篤農家」中枝武雄『人物でみる栃木の歴史』　随想舎

篠原徹・西谷大　2011年「野生植物と栽培植物の境界と生業との関係性」『国立歴史民俗博物館研究報告』164

志村俊司編　1984年『山人の賦Ⅰ』　白日社

志村俊司編　1985年『山人の賦Ⅱ』　白日社

志村俊司編　1988年『山人の賦Ⅲ』　白日社

祝嶺恭子　2013年『ベルリン国立民族学博物館所蔵　琉球・沖縄染織資料調査報告書』　沖縄美ら島財団

昭和農協青そ(苧)生産部会　1976年『青そ(苧)栽培について』

昭和村からむし織後継者育成事業実行委員会　2004年『ハタの迫』

昭和村教育委員会　1975年『昭和村史料在家目録』

昭和村教育委員会　1986年『昭和村資料集(その1)』

昭和村役場総務課企画係　2014年『からむしの学校　からむしを知る・考える・伝える』

福島県大沼郡昭和村　1973年『昭和村の歴史』

縄文時代の資源利用研究会　2012年『縄文時代の資源利用─民俗学と考古学から見た堅果類の利用及び水場遺構─』

白石昭臣　1988年『畑作の民俗』　雄山閣

白水智　2015年『古文書はいかに歴史を描くのか　フィールドワークがつなぐ過去と未来』　NHK出版

信州大学繊維学部　2011年『はじめて学ぶ繊維』　日刊工業新聞社

新明宣夫　2007年『小田付組新井田谷地村　新明家文書集　巻一』　おもはん社

新明宣夫　2012年『肝煎文書にみる会津藩の八十年　新明家文書巻二』　おもはん社

末田智樹　2013年『西海捕鯨業地域における益冨又左衛門の拡大過程』神奈川大学国際常民文化研究機構 編『国際常民文化研究叢書』2　神奈川大学国際常民文化研究機構

杉本耕一　1986年『米沢藩青苧転法と越後縮産地の動向─機前層および青苧商人の反対運動を中心に─」山田秀雄先生退官記念会編『政治社会史論集』　近藤出版社

杉本耕一　2006年「越後縮の生産と地域社会─十日町市域の生産と流通─」『日本海域歴史大系第5巻近世篇Ⅱ』　清文堂

鈴木新一郎　1982年『からむしとの歩み　技術伝承の継承と地場産業振興のために』　福島県昭和村産業課

鈴木牧之記念館　2008年『江戸のユートピア　秋山紀行』

鈴木三男　2015年「縄文・弥生時代の樹皮製品の素材とその地域性」『シンポジウム縄文・弥生時代の編組製品研究の新展開─植物資源利用・技法・用途─』　明治大学先史文化研究所

鈴木三男　2017年「鳥浜貝塚から半世紀─さらにわかった！　縄文人の植物利用─」『さらにわかった！　縄文人の植物利用』　新泉社

須田雅子　2016年『苧麻をめぐる物語─奥会津昭和村と宮古・八重山の暮らしと文化─』

須藤護　2010年『季野文化の形成　日本の山野利用と木器の文化』　未来社

周藤吉之　1962年『宋代経済史研究』　東京大学出版会

繊維学会編　2004年『やさしい繊維の基礎知識』　日刊工業新聞社

台湾総督府殖産局　1927年『農業基本調査書第12主要農産物経済調査其の2 苧麻』

高橋九一　1983年『稗と麻の哀史』　翠楊社

高橋貴　1986年「中世上野における畠作をめぐって─「長楽寺永禄日記」を中心に─」地方史研究協議会『内陸の生活と文化』　雄山閣

高橋八重子　1994年『阿波の太布(Ⅰ)』『比較文化研究』27　日本比較文化学会

高橋八重子　1995年『藍のいのち』

高橋実　2003年『座右の鈴木牧之』　野島出版

高千穂町　1972年『高千穂町史　年表』

高千穂町　1973年『高千穂町史』

高千穂町老人クラブ連合会　1991年『高千穂の古事伝説・民話』

高千穂町　2002年『高千穂町史郷土史編』

滝沢洋之　1976年「カラムシと小千谷縮」『会津の民俗』第6号　会津民俗研究会・歴史春秋社

滝沢洋之　1996年「カラムシ紀行─壱岐・対馬・北九州にその伝播ルートを求めて─」『日本民俗学』205

滝沢洋之　1997年「最上・米沢地方のカラムシについて」『会津の民俗』第27号　会津民俗研究会・歴史春秋社

滝沢洋之　1999年『会津のカラムシ』　歴史春秋社

滝沢洋之　2005年「中国の農村に原風景を見る」『会津の民俗』第34号　会津民俗研究会・歴史春秋社

滝沢洋之　2013年『会津に生きる幻の糸 カラムシ ─伝播のルートを探る─』　歴史春秋出版

竹内淳子　1982年『織りと染めもの』　ぎょうせい

竹内淳子　1995年『草木布Ⅰ・Ⅱ』　法政大学出版局

竹川重男　1990年「会津藩の「負わ高」の検討」『福島県立博物館紀要』第4号

田島町史編纂委員会　1988年『田島町史』第2巻

田代安定　1917年『日本苧麻興業意見』　国光印刷

多田滋　1984年苧から縮まで年1984年『津南町史　資料編下巻』　新潟県津南町

多田滋　1998年『十日町市郷土資料双書8　越後縮の生産をめぐる生活誌』　新潟県十日町市史編さん委員会

橘礼吉　2015年『白山奥山人の民俗誌─忘れられた人々の記憶』　白水社

徳永光俊　１９９６年『日本農法の水脈―作りまわしと作りならし―』　農文協
田中熊雄　１９８１年『宮崎県庶民生活誌』　日向民俗学会
田中熊雄　１９８８年『続　宮崎県庶民生活誌』　日向民俗学会
田中俊雄・玲子　１９７５年『沖縄織物の研究』　紫紅社
田中はる菜　２０１２年「『原住民工芸』の表象と制作をめぐる一考察：台湾原住民の織物復興を事例に」『史学』81　三田史学会
田中裕子編　２００７年『手仕事の現在　多摩の織物をめぐって』　法政大学出版局
田辺悟　２００２年『網』　法政大学出版局
谷本雅之　２００５年「産業の伝統と革新」『日本史講座』　東京大学出版会
谷本雅之　２０１５年「『在来的経済発展』論の射程―『在来』・『近代』の二元論を超えて―」『日本史学のフロンティア１』　法政大学出版局
朝鮮総督府　１９３０年『朝鮮総督府中央試験場報告　支那苧布の現状』
陳玲　２００９年「運搬用具と服飾とのあいだ―アンギン袖無を中心として―」『秋山紀行を読みとく』　津南町教育委員会
陳玲　２０１７年『すてきな布　アンギン研究１００年展示解説図録』　新潟県立歴史博物館
筑波大学民俗学研究会　１９９０年『大芦の民俗　福島県大沼郡昭和村大芦』
津南町教育委員会　２０１１年ａ『植物繊維を「編む」―アンギンの里　津南の編み技術と歴史―』
津南町教育委員会　２０１１年ｂ『津南シンポジウムⅦ　植物繊維を『編む』―アンギンの里　津南の編み技術と歴史―』
津南町教育委員会　２００９年『秋山紀行を読みとく』
津南町教育委員会　２０１２年討論録・植物繊維を『編む』『津南学』1
津南町教育委員会　２０１３年「追悼滝沢秀一」『津南学』2
十日町市博物館　１９８３年『織物生産工程』
十日町市博物館　１９８７年『図録　妻有の女衆と縮織り　重要有形民俗文化財　越後縮の紡織用具及び関連資料』
十日町市博物館　１９９４年『図説　越後アンギン』
十日町市史編さん委員会　１９８８年『市史リポート　とおかまち』第２集
十日町市史編さん委員会　１９９１年『市史リポート　とおかまち』第５集
東北農政局福島統計情報事務所会津坂下出張所編　１９８３年『昭和村の農業』　福島県・昭和村
東洋大学民俗研究会　１９７４年『粕尾の民俗　―栃木県上都賀郡粟野町旧粕尾村―』
得能壽美　２００３年「古文書にみる人頭税時代」『人頭税廃止百年記念誌　あさぱな』　八重山人頭税廃止百年記念事業期成会
得能壽美　２００７年『近世八重山の民衆生活史―石西礁湖をめぐる海と島々のネットワーク―』　榕樹書林
栃木県立農事試験場　１９３２年『苧麻（ラミー）栽培法』
栃木県立博物館　２００８年『野州麻の生産用具』
栃木県立博物館　２００８年『野州麻　道具がかたる麻づくり』
長澤武　１９９０年「信濃と麻」山村民俗の会編『住む・着る』　エンタプライズ
中西僚太郎　２００１年「１９１０年代前半における野州麻生産地帯の農業経営―上都賀郡南押原村の一農家の事例―」『鹿沼市史研究紀要　かぬま歴史と文化』第６号
長野県購買連松本支所　１９４１年『野生苧麻採集運動必携』
永原慶二　１９９０年『新・木綿以前のこと　苧麻から木綿へ』　中公新書
永原慶二　１９９７年『戦国期の政治経済構造』　岩波書店
永原慶二　２００４年『苧麻・絹・木綿の社会史』　吉川弘文館
仲間伸恵　２０１５年「地機からみる宮古の織物」『琉大史学』第17号
永松敦　１９９０年「椎葉神楽の衣裳と住まい」山村民俗の会編『住む・着る』　エンタプライズ
中山誠二　２０１０年『植物考古学と日本の農耕の起源』　同成社
名久井文明　２０１１年『樹皮の文化史』　吉川弘文館
名久井文明　２０１２年『伝承された縄紋技術　木の実・樹皮・木製品』　吉川弘文館
名越護　２０１７年『南島植物学、民俗学の泰斗　田代安定』　南方新書
南陽市史編さん委員会　１９９０―１９９２年『南陽市史　上・中・下』　南陽市
南陽市史編さん委員会　１９８０年『南陽市史編集資料』第３号
南陽市史編さん委員会　１９８０年「北条郷青苧御役一件文書」『南陽市史編集資料』第４号
南陽市史編さん委員会　１９８２年「北条郷宮内熊野一山文書」『南陽市史編集資料』第７号
南陽市史編さん委員会　２０１３年『南陽市史編集資料』第42号
南陽市史編さん委員会　２０１４年「菅野佐次兵衛家文書（２）」『南陽市史編集史料』第43号
南陽市史編さん委員会　２０１５年平善兵衛家文書第二部『南陽市史編集史料』第44号
西脇新次郎　１９３５年『小千谷縮布史』
新国勇　２０１７年「文化のチカラで町おこし」『地域文化論集』第２集『郡山再発見』　郡山女子大学短期大学部文化学科
日本化学会　２０１１年『衣料と繊維がわかる』　東京書籍
日本繊維技術士センター　２０１２年『繊維の種類と加工が一番わかる』　技術評論社
日本村落研究会　２００７年池上甲一編『むらの資源を研究する　フィールドからの発想』　農文協
日本村落研究会　２００７年鳥越皓之編『むらの社会を研究する　フィールドからの発想』　農文協
日本林業協会　１９４８年『山村実態調査報告書（栃木県上都賀郡小来た川村および板荷村）』農林省農政局特産課　１９４２年『苧麻（附、麻類ノ統制等ニ関スル資料）
農林水産技術会議編　１９６３年「苧麻に関する川南試験地30年の業績」『プロジェクト研究成果13号』　農林水産省　http://agriknowledge.affrc.go.jp/RN/2039014196
能代修一・小林和貴　２０１５年「縄文時代・弥生時代の編組製品の素材植物とその地域性」『シンポジウム縄文・弥生時代の編組製品研究の新展開―植物資源利用・技法・用途―』　明治大学先史文化研究所
野本寛一　２００８年「生業民俗研究のゆくえ」歴博編『生業から見る日本史』　吉川弘文館
野本寛一・赤坂憲雄　２０１３年『暮らしの伝承知を探る』　玉川大学出版部
野本寛一・三国信一　２０１４年『人と樹木の民俗世界―呪用と実用への視角―』　大河書房
野本寛一　２０１６年『季節の民俗誌』　玉川大学出版部
箱石大編　２０１３年『戊辰戦争の史料学』　勉誠出版
橋本雄　２００５年『中世日本の国際関係―東アジア通交圏と偽使問題―』　吉川弘文館
橋本雄　２０１２年『偽りの外交使節　室町時代の日朝関係』　吉川弘文館
長谷部八朗　１９８３年「離島村落の変貌過程とその課題―沖縄・南大東島の場合―」『駒沢社会学研究』20
羽染兵吉　２００７年『からむし（苧麻）全集』
秦荘町教育委員会　２００４年『今に伝わる近江上布の織りと染め　近江上布制作の手引き』
八海山酒造　２０１１年「特集暮らしの中の上布」『魚沼へ』30
馬場雄伍編　２００２年『木地師の跡を尋ねて　山中の墓に手を合わせ乍ら』　昭和村教育委員会
原田幹　２０１７年『東アジアにおける石製農具の使用痕研究』　六一書房
西脇市郷土資料館　２０１３年『播州織の研究』

藩政史研究会編　１９６３年『藩政成立史の綜合研究　米沢藩』　吉川弘文館
東村純子　２００６年「織物と紡織」『列島の古代史５　専門技能と技術』　岩波書店
東村純子　２００８年ａ「年輪状式原始機の研究」『古代文化』第60巻
東村純子　２００８年ｂ「輪状式原始機の民族考古学　台湾原住民の機織技術から」『台湾原住民研究』第12号
東村純子　２００９年『古代日本の紡織技術と生産体系に関する考古学的研究（要旨）』　京都大学
東村純子　２０１１年『考古学からみた古代日本の紡織』　六一書房
東村純子　２０１２年ａ「原始機解明の糸口―唐古とアイヌ、台湾―」『森岡秀人さん還暦祈念論文集』　菟原刊行会
東村純子　２０１２年ｂ「考古学からみた紡織技術と生産」『紡織の考古学―紡ぐ・織る・縫う―資料集』　山梨県考古学会
東村純子　２０１３年ａ「弥生・古墳時代における麻布の製作技術」『古代の繊維―古代繊維技術研究の最近の動向―』　奈良文化財研究所
東村純子　２０１３年ｂ『考古学からみた地機：発見！　わが家の「はた織りさん」―白山周辺の手織機「地機」とその地域性―』　はたや記念館ゆめおーれ勝山
東村純子　２０１６年「織物と紡織の考古学」『月刊せんい』『繊維機械学会誌（69）６
平田尚子　２０１１年ａ『昭和村のからむしはなぜ美しい　からむし畑』　からむし工芸博物館
平田尚子　２０１１年ｂ「植物繊維における火耕―福島県昭和村のからむし焼き―」『焼畑の環境学―いま焼畑とは』　思文閣
平野哲也　２００１年「江戸時代後期における鹿沼麻の流通―在村麻商人による麻と魚肥との相互流通―」『鹿沼市史研究紀要　かぬま歴史と文化』６号
平野哲也　２００４年『江戸時代村社会の存立構造』　御茶の水書房
平野哲也　２０１０年「近世」木村茂光編『日本農業史』　吉川弘文館
平野哲也　２０１５年「江戸時代における百姓生業の多様性・柔軟性と村社会」「日本史学のフロンティア　列島の社会を問い直す』　法政大学出版局
平野哲也　２０１６年「関東内陸農山村における魚肥の消費・流通と海村との交易」渡辺尚志編『生産・流通・消費の近世史』　勉誠出版
ひろいのぶこ・長野五郎　１９９９年『織物の原風景―樹皮と草皮の布と機―』　紫紅社
ひろいのぶこ　２００７年「麻の糸績みと手織りの現状―中国四川省と湖南省から―」稲賀繁美編『伝統工藝再考　京のうちそと』　思文閣出版
広瀬和雄編　２００７年『弥生時代はどう変わるか　炭素１４年代と新しい古代像を求めて』　学生社
福島県立博物館　２０１０年『ふくしまううるし物語』
福光麻布織機復刻プロジェクト　２０１６年『越中　福光麻布』　桂書房（富山市）
藤木久志　２００８年『戦う村の民俗を行く』　朝日新聞出版
藤尾慎一郎　２０１１年『〈新〉弥生時代　５００年早かった水田稲作』　吉川弘文館
藤尾慎一郎編　２０１７年『弥生時代って、どんな時代だったのか？』　朝倉書店
藤丸昭　１９８７年「阿波太布の技法を伝えた岡田ヲチヨ」『阿波の女たち』　徳島市立図書館
辺見じゅん　１９８４年「語り部のふるさとをいく（４）福島県大沼郡昭和村『婆さまが苧（お）を績（う）む奥会津の山里』」『アサヒグラフ』３１９０号
古尾谷知浩　２０１４年『漆紙文書と漆工房』　名古屋大学出版会
文化庁文化財保護部編　１９７５年『民俗資料選集　紡織習俗Ⅰ』　国土地理協会
文化庁文化財保護部編　１９８１年『民俗資料選集　紡織習俗Ⅱ』　国土地理協会
本馬貞夫　２００９年『貿易都市長崎の研究』　九州大学出版会
牧野清　１９７５年『登野城村の歴史と民俗』　吉川弘文館
増田昭子　２００７年『雑穀を旅する　スローフードの原点』　吉川弘文館
増田昭子　２０１１年『雑穀の社会史』　吉川弘文館
増田昭子　２０１３年『種子は万人のもの　在来作物を受け継ぐ人々』　農文協
増田レア　２０１１年『山仕事賛歌』　図書新聞
真鍋篤行　２０１６年「近世における網漁の展開と生態利用―房総半島東岸の地曳網漁を事例に」渡辺尚志編『生産・流通・消費の近世史』　勉誠出版
水島茂　１９８２年『加賀藩・富山藩の社会経済史研究』　文献出版
峰岸純夫　２００３年『史料纂集　長楽寺永禄日記』　続群書類従完成会
宮内泰介編　２００９年『半栽培の環境社会学　これからの人と自然』　昭和堂
宮城文　１９７２年『八重山生活誌』　沖縄タイムス社
宮崎県立西都原考古博物館　２０１５年『美と技と祈り　台湾原住民の植物利用と南九州人の軽石利用』
宮崎県苧麻協会　１９３８年『簡易火力乾燥設備のすすめ』
宮崎清　１９８５年『藁ⅠⅡ』　法政大学出版会
宮古苧麻績み保存会　２０１７年『改訂版　おばあたちの手技　宮古諸島に伝わる苧麻糸手績みの技術』
宮原武夫　１９９４年「上総の望陀布と美濃絁―東国の調・大嘗祭・遣唐使―」『古代国家と東国社会』　高科書店
宮良賢貞　１９７９年『八重山芸能と民俗』　根元書房
民族文化映像研究所　１９８４年『越後奥三面―山に生かされた日々―』
民族文化映像研究所　１９８７年『奈良田の生活と自然のつながり　焼畑を中心に』　山梨県早川町教育委員会
民族文化映像研究所　１９８８年『資料集　からむしと麻　福島県昭和村』
民族文化映像研究所　１９９３年『茂庭の焼畑　資料集』
村川友彦　１９８１年「会津地方の近世における麻と苧麻の生産―伊南・伊北麻を中心に―」『福島県歴史資料館研究紀要』第３号
『明治前期産業発達史資料　別冊（14）Ⅱ』　１９６６年　明治文献資料刊行会
森浩一　２００９年『日本の深層文化』　ちくま新書
盛本昌広　２００８年ａ『軍需物資から見た戦国合戦』　洋泉社
盛本昌広　２００８年ｂ『贈答と宴会の中世』　吉川弘文館
盛本昌広　２００９年『中近世の山野河海と資源管理』　岩田書院
盛本昌広　２０１２年『草と木が語る日本の中世』　岩波書店
盛本昌広　２０１３年「生業の多様性と資源管理」井原今朝男編『環境の日本史３　中世の環境と開発・生業』　吉川弘文館
文部省　１９５４年『イリの村の生活とこども　山村社会の形成過程を見つめて』　博文堂出版
柳津町教育委員会　１９７７年「琵琶首」『柳津町誌　下巻集落編』３８１頁
柳田国男　１９７４年『一目小僧その他』　角川文庫
山口裕文・河瀬眞琴　２００３年『雑穀の自然史　その起源と文化を求めて』　北海道大学図書刊行会
山路勝彦　２０１１年「蛇行する原住民工芸―タイヤル族の織布文化、脱植民地化とモダニティー―」『台湾タイヤル族の１００年』　風響社（初出２００９年『国立民族学博物館研究報告』34-1）
山下渉登　２００４年『捕鯨Ⅰ』『捕鯨Ⅱ』　法政大学出版局
山田昌久　２００５年「縄文・弥生幻想からの覚醒―先史社会研究における狩猟・採集・育成技術の経済構造化論―」佐藤宏之編『食糧獲得社会の考古学』　朝倉書店

山田昌久　２０１４年『縄文時代』に人類は植物をどのように利用したか年『講座日本の考古学４　縄文時代　下』　青木書店

山田昌久　２０１６年「総論　植物繊維利用に関する遺物誌・実験誌　特集原始・古代の植物繊維資源化技術」『考古学ジャーナル』６８３

「山に生かされた日々」刊行委員会 編　１９８４年『山に生かされた日々　新潟県朝日村奥三面の生活誌』　民族映像文化研究所

山本隆志　１９９４年『荘園制の展開と地域社会』　刀水書房

山本直人　２００２年『縄文時代の植物採集活動―野生根茎食料化の民俗考古学的研究―』　渓水社

横井庄一　１９７４年『明日への道　全報告グアム島孤独の28年』　文藝春秋

横井庄一　１９８３年『無事がいちばん　不景気なんかこわくない』　中央公論社

横井庄一　１９８４年『横井庄一のサバイバル極意書　もっと困れ！』　小学館

横井美保子　２０１１年『鎮魂の旅路　横井庄一の戦後を生きた妻の手記』　ホルス出版

横山昭男　１９８３年「近世山形地域史の諸問題」『歴史手帖』１２１号　名著出版

横山昭男ほか　１９９７年『さがえ周辺の歩み　最上川と舟運　青苧・紅花商人』（再編復刻版）　ヨークベニマル

吉川昌伸・工藤雄一郎　２０１４年「アサ花粉の同定とその散布」『国立歴史民俗博物館研究報告』第１８７号

吉岡忍　１９９５年「日本とその周辺における機織り文化の基層と展開」吉田集而編『生活技術の人類学』　平凡社

吉岡忍　２０１１年「織機と織物と織り技術：共同研究：手織機と織物の通文化的研究（２０１０―２０１３）」『民博通信』１３２

吉岡忍　２０１３年「世界の織機と織物」『民博通信』１４２

吉田真一郎　２０１２年「柔らかい布について」『四大麻布　越後縮・奈良晒・高宮布・越中布の糸と織り』　近世麻布博物館・十日町市博物館

吉田有子　２０１５年『文字にみるからむしと麻』　からむし工芸博物館

ルバース・ミヤヒラ吟子・高漢玉・春木雅寛「桐板に関する調査研究（２）―繊維顕微鏡観察およびその考察―」『沖縄県立芸術大学紀要』第３号

歴史史学会編　『古代国家と東国社会』　高科書店

六本木健志　２００２年『江戸時代百姓生業の研究―越後魚沼の村の経済生活―』　刀水書房

若林喜三郎　１９８４年『年々留　銭屋五兵衛日記』　法政大学出版局

脇坂俊夫年　２００４年「飛田安兵衛―長機の製作と播州縞の創始―」西脇市郷土資料館紀要『童子山』第11号　西脇市教育委員会

脇田節子　２００３年「おばあさんの洗濯」『生活学第28冊衣と風俗の１００年』　日本生活学会

脇田雅彦　１９８９年「イラクサの伝承〈岐阜県内〉」『東海民具』10

脇田雅彦　１９９０年「美濃・飛騨　古い着物の素材」山村民俗の会編『住む・着る』　エンタプライズ

脇田雅彦　１９９２年「岐阜県内のイラクサについて―美濃・徳山村を中心に―」日本民具学会編『衣生活と民具』　雄山閣

脇田雅彦・節子　１９９６年a「美濃国・藤橋村〈元・徳山村〉の靭皮繊維　野生の麻『ミヤマイラクサ』の伝承」『月刊染色α』１８６　染織と生活社

脇田雅彦・節子　１９９６年b「続　美濃国・藤橋村〈元・徳山村〉の靭皮繊維　野生カラムシ〈苧麻〉の伝承」月刊『染色α』１８７　染織と生活社

脇田雅彦　１９９７年「美濃・徳山にみる食生活の推移―塚地区を中心に―」『日本民俗学』２１０

脇田雅彦・節子　１９９９年「ウスタビガのマユの伝承―岐阜県を中心に―」『民具マンスリー』３７０

脇田雅彦　２００２年「岐阜県のアサの伝承―加工技法を中心に」『もの・モノ・物の世界―新たな日本文化論』　雄山閣

脇田雅彦　２００８年「座談会　脇田さん、辿ってきた道を語る」『名古屋民俗』56　名古屋民俗研究会

和田晴吾　２０１５年『古墳時代の生産と流通』　吉川弘文館

渡邊太祐　２０１５年「中世における漆器製作工程の復元」『日本歴史』８０１

渡辺三省　１９７１年『越後縮布の歴史と技術』　小宮山出版

渡部武・順子　２０００年『アジア文化叢書　西南中国伝統生産工具図録』　慶友社年

渡辺仁　２０００年『縄文式階層化社会』　六一書房

渡辺史夫　１９７６年『米沢藩の特産業と専売制―青苧・漆蠟・養蚕業―』　布忘出版

渡辺史夫　１９８６年『出羽南部の地域史研究』　郁文堂書店

渡辺史夫　１９９０年「村山地方における青苧の生産と流通」横山昭男教授還暦記念会編『山形地域史の研究』　文献出版

渡辺史夫　１９９５年「近世における最上苧の生産と流通」『山形県立博物館研究報告』第16号

渡辺誠　１９９２年「編布の変遷」日本民具学会編『衣生活と民具』　雄山閣

渡辺美季　２０１２年『近世琉球と中日関係』　吉川弘文館

中国

中国農業化学院麻類研究所主編　１９９３年『中国麻類作物栽培学』　農業出版社

台湾

翁立娃・余金虎・李天送・李建國　２００１年『布農的家―潭南社区文化傳承系列―傳統織布篇　阿媽的織布箱』　浩然基金会年台湾台北市

翁立娃　２０１３年「布農織布文化與男子傳統服」『ＬＩＭＡ 原住民女性傳統藝術』　２０１３年文化部文化資産局（台湾台中市）

国立台湾工芸研究所　２００６年『原味原藝　在原郷　花東地区原住民工芸展』

許哲齊　２０１１年「織起　原郷回憶路　専訪泰雅編織藝術家　尤瑪・達陸」『国家公園』　ＤＥＣ　２０１１年

順益台湾原住民博物館ガイドブック　２０１０年

馬芬妹　２０１０年「臺灣藍染工藝産業的変遷與新発展」台湾文献第61巻2期　國史館臺湾文献館

馬芬妹　２０１７年「台湾藍染工芸の変遷発展と微型文化産業」　会津学研究会例会配布資料

尤瑪・達陸（ユマ・タル）　２０００年『布農族人　経済文化活動之変遷』　順益台湾原住民博物館

尤瑪・達陸（ユマ・タル）　２０１７年『苧麻産業関連図』　台湾苗栗縣泰安郷象鼻村野桐工坊

余金虎・歐陽玉　２００２年『台湾原住民系列41　神話・祭儀・布農人』　晨星出版（台湾台中市）

●さくいん●

著者略歴

菅家 博昭（かんけ ひろあき）

1959年福島県生まれ。福島県大沼郡昭和村にて農業自営。葉タバコ栽培を経て、現在はからむし栽培とかすみ草栽培。会津学研究会代表、昭和村文化財保護審議会委員長。日本フローラルマーケティング協会（JFMA）理事。

協力者（敬称略）

昭和村からむし振興室
〒968-0103 福島県大沼郡昭和村大字下中津川字中島652 TEL 0241-57-2116
石垣市織物事業協同組合
〒907-0004 沖縄県石垣市登野城783-2 TEL 0980-82-5200
宮古苧麻績み（ブーンミ）保存会
〒906-0103 沖縄県宮古島市城辺字福里600-1 宮古島市教育委員会生涯学習振興課内 TEL 0980-77-4947
青苧復活夢見隊（青苧特産品づくり支援隊事務局 代表村上弘子）
〒990-1121 山形県西村山郡大江町大字藤田451 TEL 0237-62-3366
台湾の皆さん（馬芬妹、翁立娃、湯文君、鄭司政、邱春女、孫業琪、那都蘭工作室、野桐工坊
Yuma Taru、Baunay Watan、国立台湾史前文化博物館）
渡部康人（奥会津博物館）
佐々木長生（福島県民俗学会会長）
菅家清一、菅家ミヨ子、菅家洋子、佐藤孝雄、吉田有子（以上昭和村）
遠藤由美子（奥会津書房代表）〒969-7511 福島県大沼郡三島町宮下中乙田979 TEL 0241-52-3580

地域資源を活かす　生活工芸双書

苧（からむし）

2018年6月30日　第1刷発行
2021年9月10日　第2刷発行

著者

菅家 博昭

発行所

一般社団法人 農山漁村文化協会
〒107-8668　東京都港区赤坂7丁目6-1
電話：03(3585)1142(営業), 03(3585)1147(編集)
FAX：03(3585)3668　振替：00120-3-144478
URL：http://www.ruralnet.or.jp/

印刷・製本

凸版印刷株式会社

ISBN 978-4-540-17113-0
〈検印廃止〉

装幀／高坂　均
DTP制作／ケー・アイ・プランニング／メディアネット／鶴田環恵
定価はカバーに表示　乱丁・落丁本はお取り替えいたします。